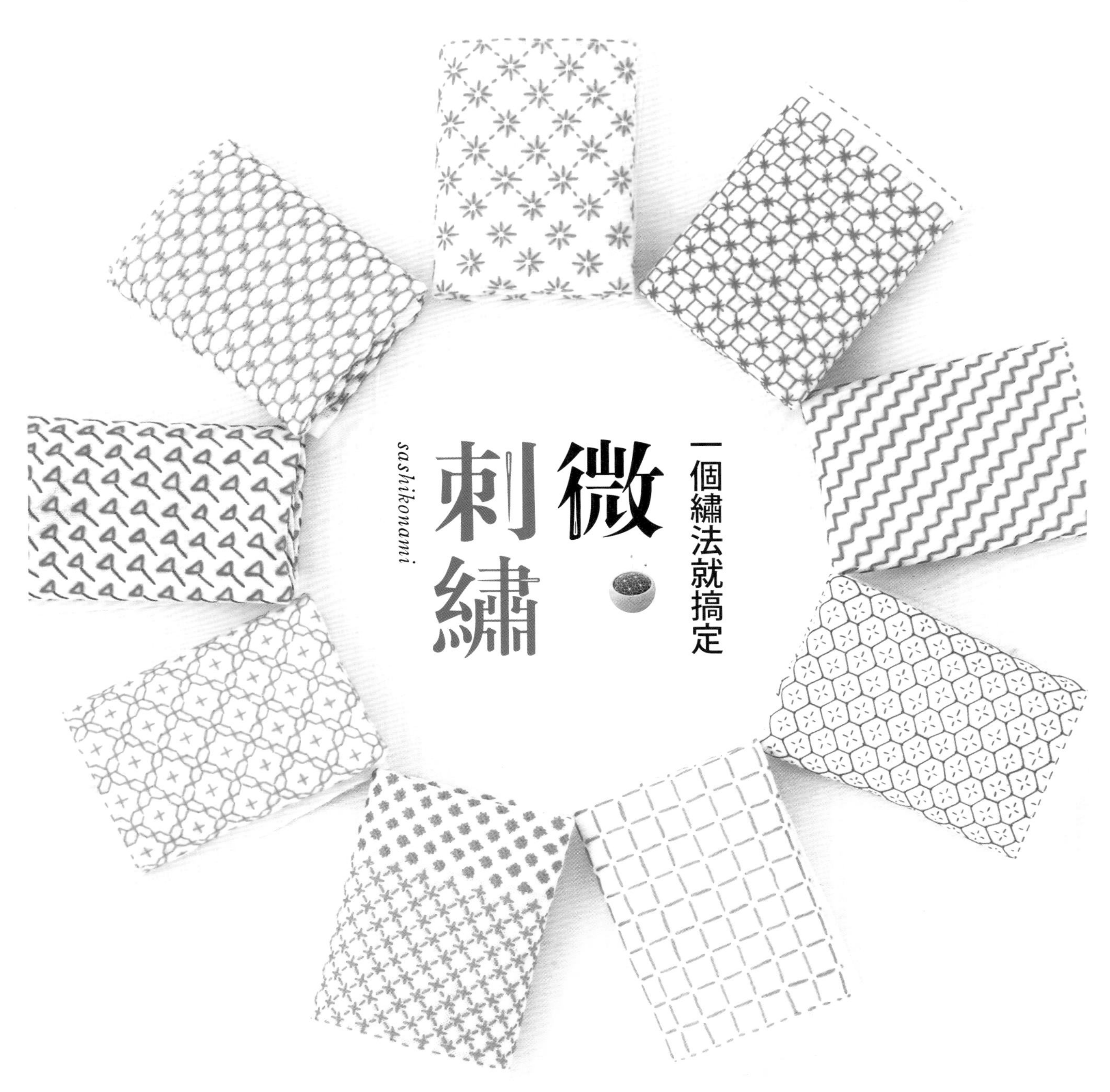

微刺繡

sashikonami

一個繡法就搞定

前言

我很小的時候就非常喜歡精緻、纖細的手工藝，即使現在長大成人了也不曾改變。在育兒和家務的閒暇之餘，想找點能享受樂趣的事情時，倏然映入眼簾的就是刺子繡。

自己最先嘗試繡的是「十字花刺繡」，深受細緻又可愛的模樣所吸引，再加上親自動手製作的過程趣味十足，一下子就深陷於其中無法自拔。起初雖然還繡得不夠漂亮，但是當自己繡完成一條布巾時的那種成就感，至今都無法忘懷。

一開始我什麼都不懂，一邊思考著要如何才能繡得漂亮，一邊下工夫，在不斷地嘗試錯誤、反覆練習的過程中，終於慢慢地抓到訣竅。即使偶爾不小心繡錯，卻反而創作出新圖樣，也因為這樣，慢慢累積了不少自己原創的圖樣。

本書從傳統經典花紋到自我原創圖樣，收錄以「一目刺」及「穿線繡」技法創作的各式手巾及生活小物，全書多達 47 種圖樣，共 67 款作品。手巾部分則選用經常製作的 20x21cm 迷你版尺寸，比起一般稍大尺寸的作品能更快完成，非常推薦給初學者。請多多嘗試繡製，找出自己喜愛的顏色與圖樣。在這個過程中，若本書能有所幫助的話，便是我再開心不過的事了。

contents

この本に関するご質問は、お電話またはWebで
書名／カラフルで愛らしい 刺し子のふきんと小物（sashikonami）
本のコード／NV70607　担当／寺島
Tel.03-3383-0635（平日13：00～17：00受付）
Webサイト「日本ヴォーグ社の本」https://book.nihonvogue.co.jp/
※サイト内（お問い合わせ）からお入りください（終日受付）

柿子花及其應用

「柿子花」紋樣僅由橫向及縱向針目形成，非常適合初次學習刺子繡一目刺技法的初學者。只要規律地錯開針目位置，圖樣就能有多種不同變化。正面與背面的紋樣會正好相反，繡完可以前後比對看看。

1

二重柿子花

2

柿子花1

由於多重堆疊的階梯紋路與柿子花朵相似，因此而得名。先繡橫向針目再繡縱向針目，如此依序刺繡，可愛圖樣便會慢慢呈現。

***How to make* >> p.57**

3
柿子花2

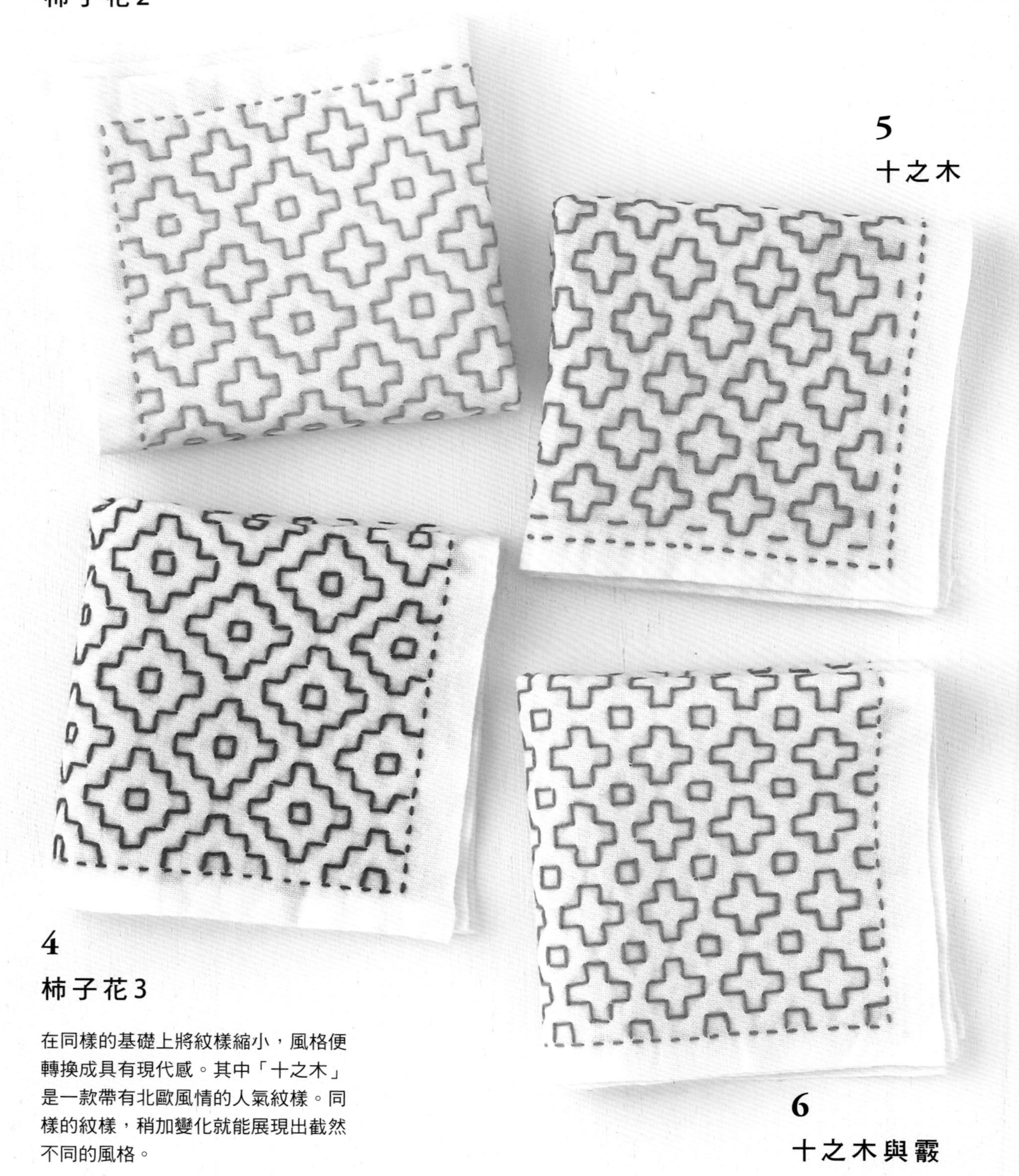

5
十之木

4
柿子花3

在同樣的基礎上將紋樣縮小，風格便轉換成具有現代感。其中「十之木」是一款帶有北歐風情的人氣紋樣。同樣的紋樣，稍加變化就能展現出截然不同的風格。

How to make >> **p.57, 58**

6
十之木與霰

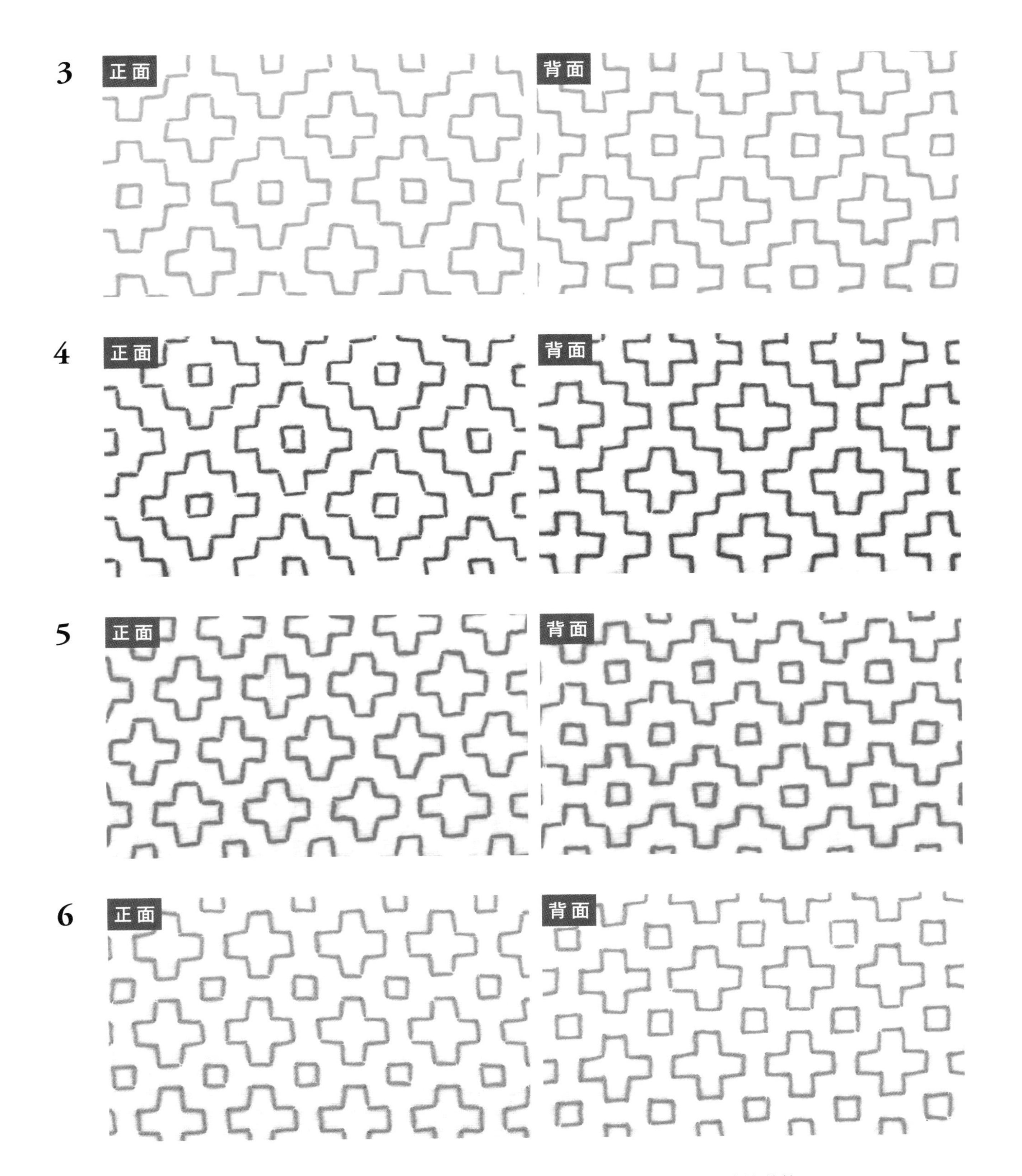

3和6的紋樣正面與背面完全相反；4和5的背面紋樣呈現連接狀態；
4背面的紋樣稱為「相連的二重柿子花」；5背面的紋樣稱為「相連的柿子花」。

7
變化花十字

這一款為p.8的「十之木與霞」加以變化所形成的圖樣。十字與四方形的內側分別用斜線連接，立即變換成可愛的花朵模樣。**a**為正面，**b**為背面。

How to make >> **p.58**

8
變化花十字的杯墊

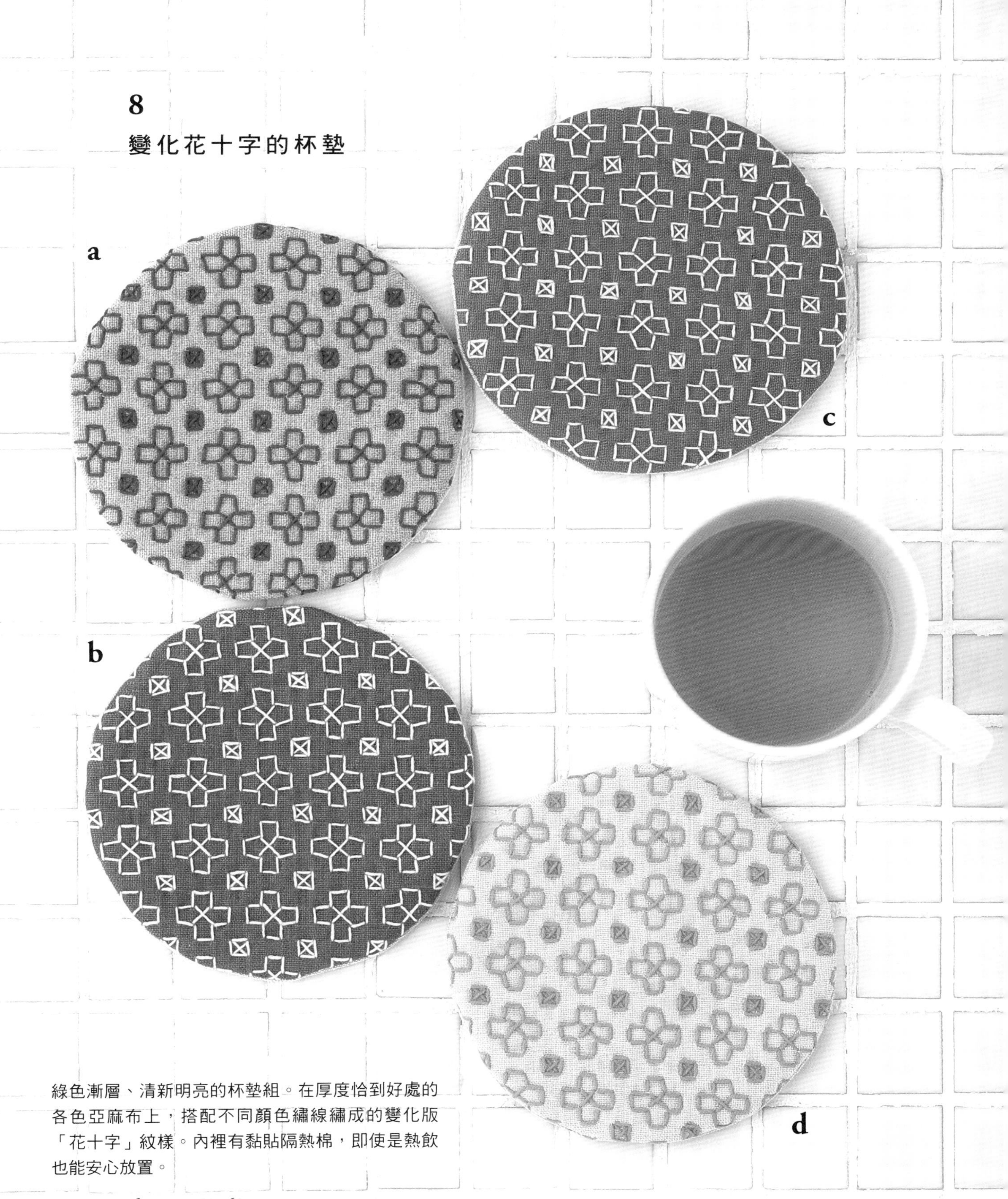

綠色漸層、清新明亮的杯墊組。在厚度恰到好處的各色亞麻布上，搭配不同顏色繡線繡成的變化版「花十字」紋樣。內裡有黏貼隔熱棉，即使是熱飲也能安心放置。

How to make >> **p.58, 69**

階梯紋樣及其應用

縱向及橫向針目相互錯開地連續刺繡，就會形成階梯狀的紋樣。將同樣的紋樣堆疊在一起，或再多加一個針目，又能形成不同的圖樣。

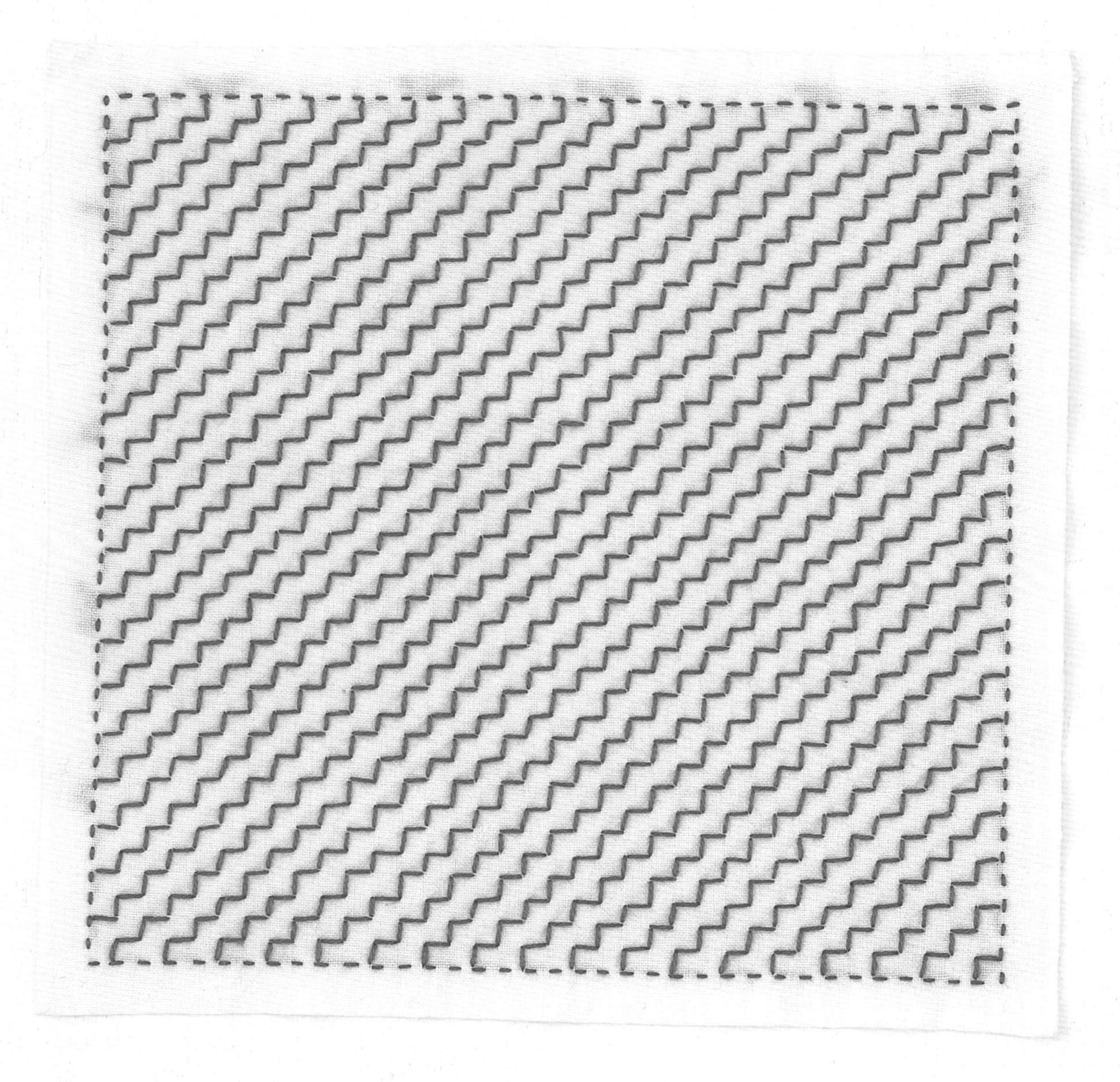

9
階梯紋樣

將縱向及橫向針目連接成階梯狀，就能形成斜向的條紋花樣。這款是名為「階梯」或「山道」的傳統紋樣。縱向與橫向針目必須呈90度的直角，一針一針仔細地刺繡。

How to make >> **p.48, 58**

10
箭羽紋樣

11
條紋

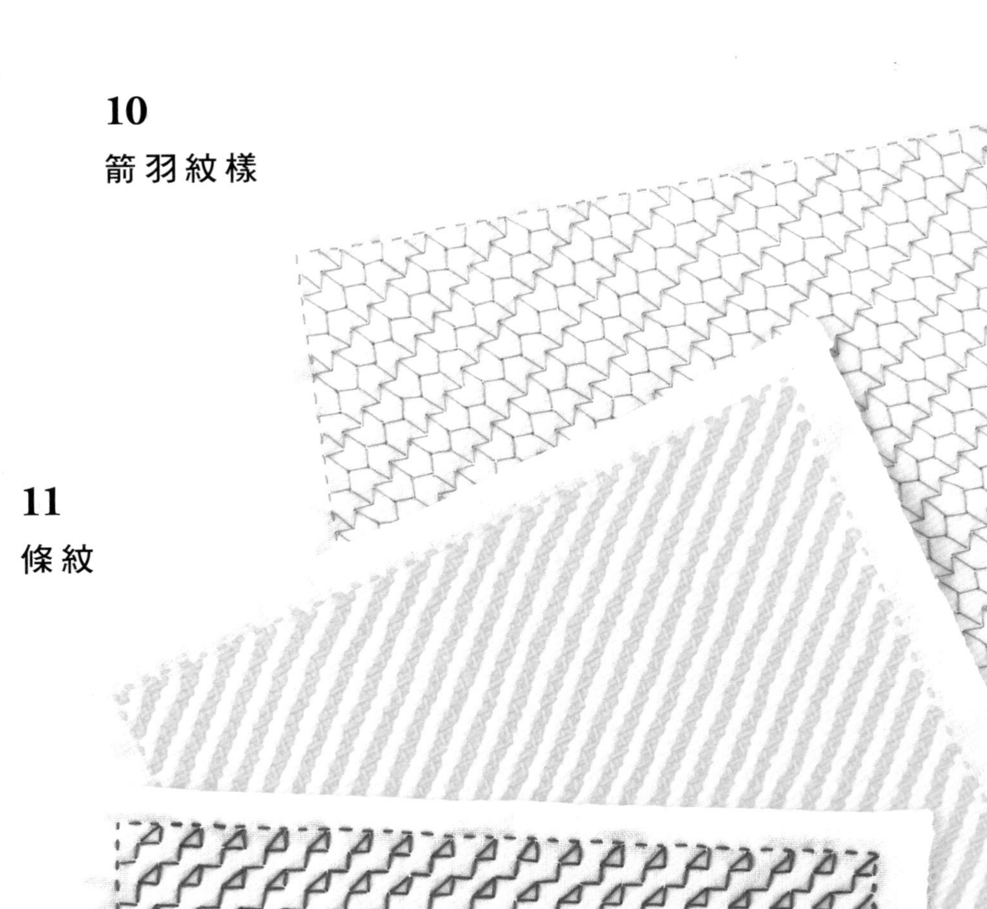

12
階梯紋樣的應用

將「階梯」紋樣的直角以斜線連接，就形成另一款傳統紋樣「箭羽」。若往上下錯開半格重複同樣的針目，以連續方式再繡一次，則形成「條紋」圖樣。12則是在「階梯」紋樣裡多加一個斜向針目。

How to make >> **p.58, 59**

三角形與四方形紋樣

三角形與四方形——只是將同樣的圖形規律地做排列，居然就能這麼可愛，是不是很不可思議呢！
一邊想像著背面會形成什麼圖樣一邊進行刺繡，也是刺子繡的一大樂趣呢！

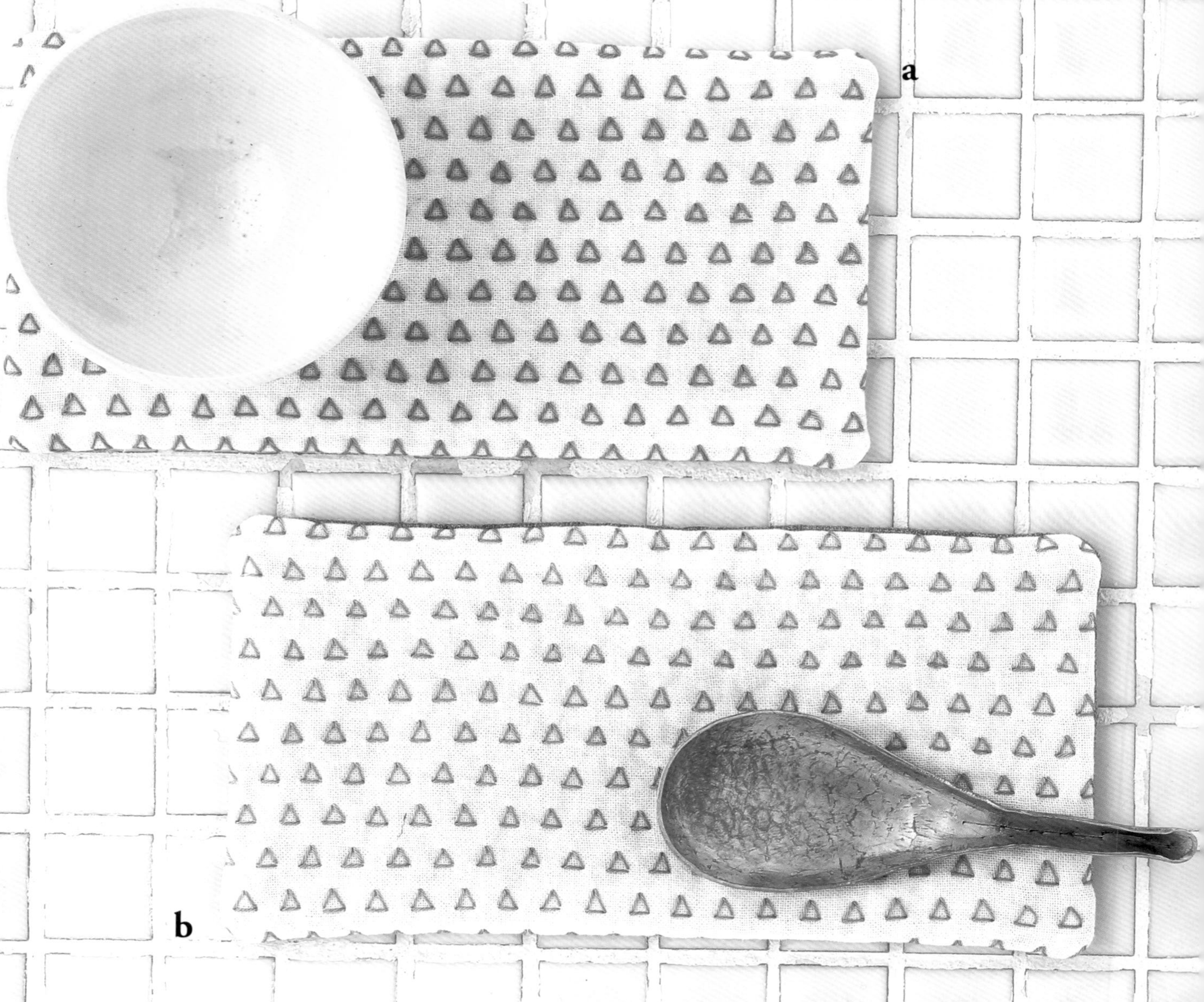

a

b

13
三角形紋樣的迷你布墊

將小小的等邊三角形並排所形成的圖樣，是一款名為「鱗片」的傳統紋樣。這裡的長型迷你布墊，使用正面純白、背面有顏色的雙層紗布來製作，也可以對折當作手帕使用。

How to make >> p.59, 68

14
四方形紋樣的迷你手巾

四方形交錯排列的這一款紋樣名為「霰刺」。背面是連續的凹凸形狀。只要一針一針仔細地刺繡，就可以正面反面兩用喔。

How to make >> **p.59**

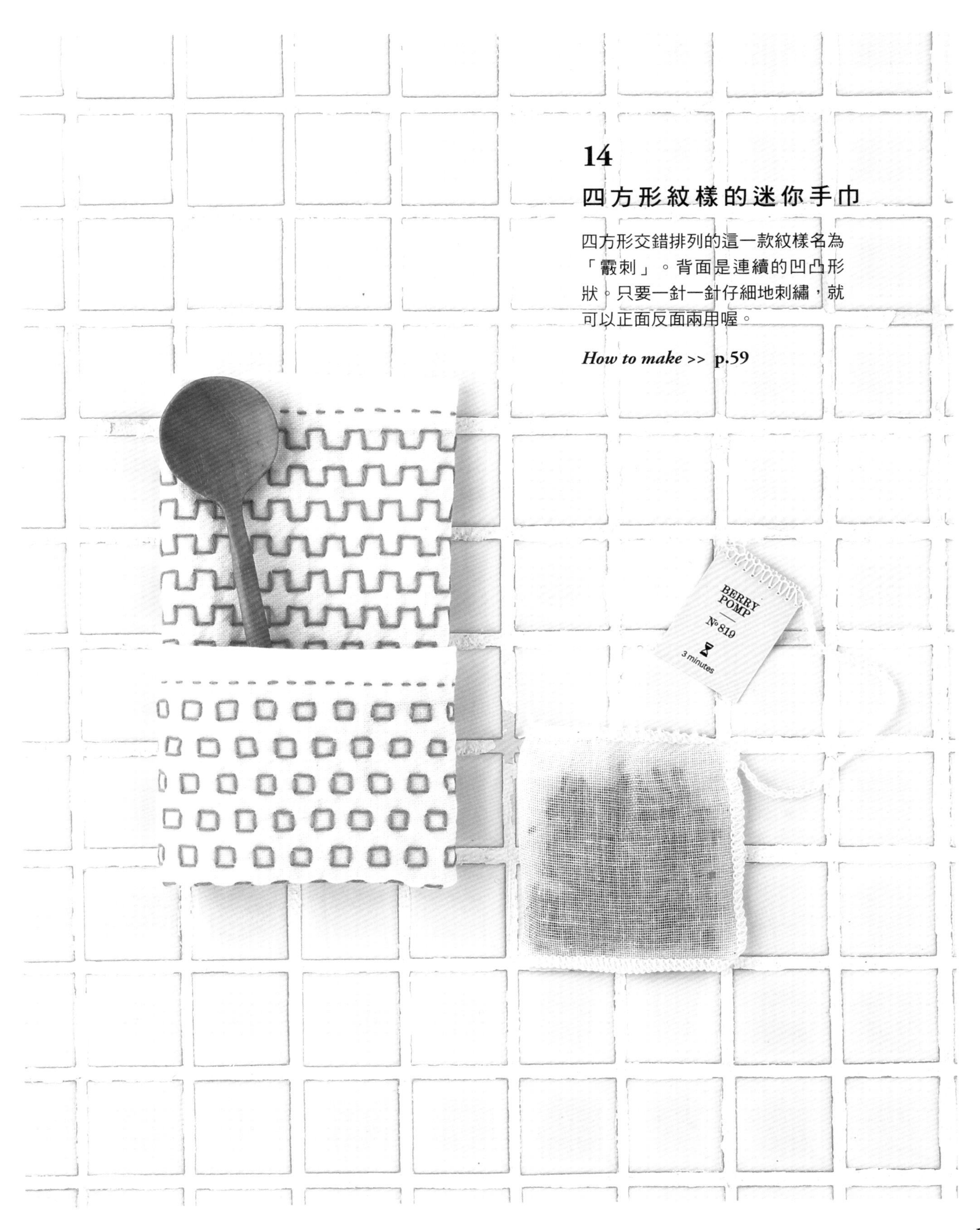

原創紋樣

習慣「一目刺」的繡法之後，可以嘗試在傳統紋樣上做點變化。
稍微改變針目的長度，或是增減針目等等，漸漸地就能創造出全新的原創紋樣。

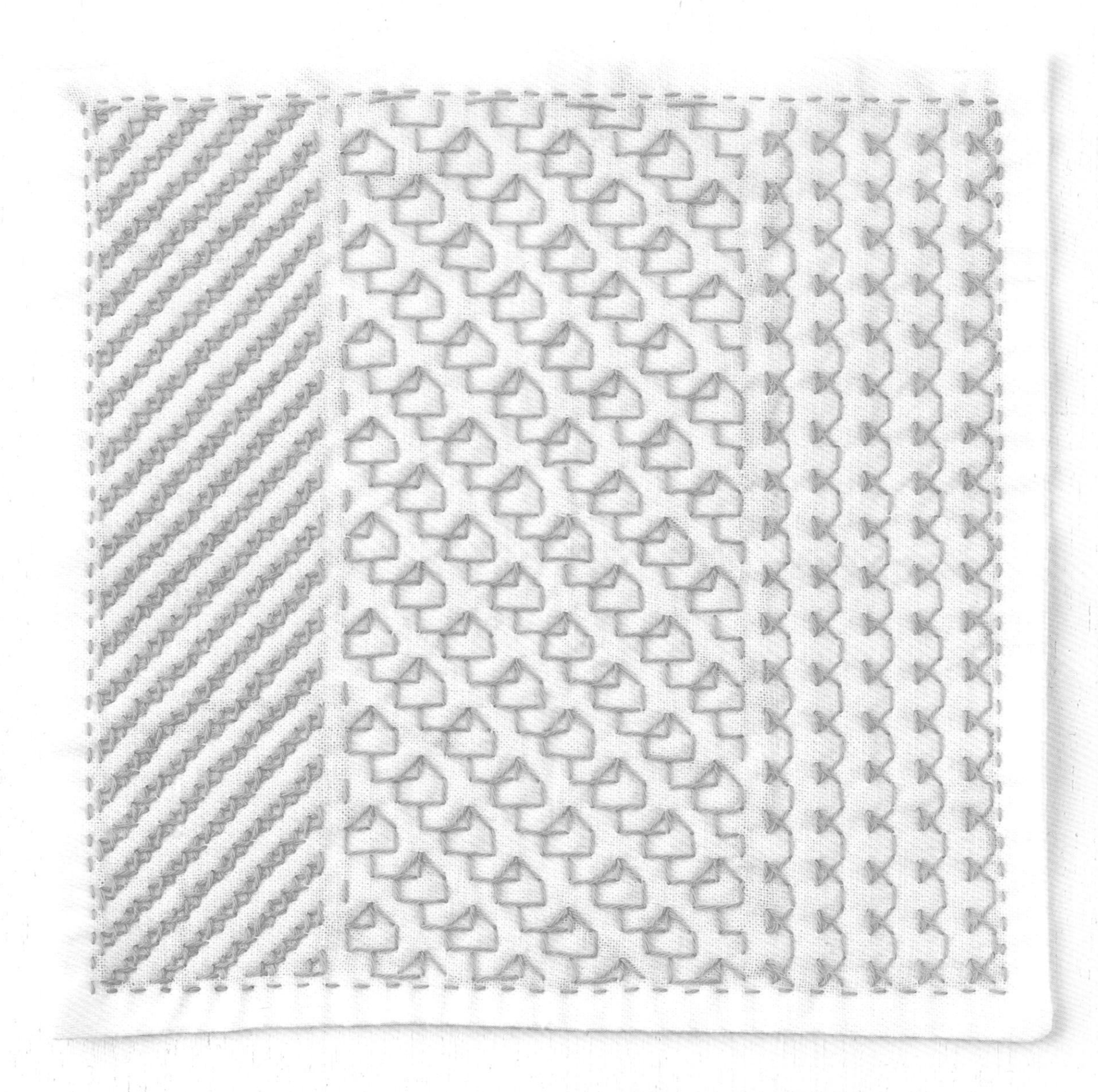

15
原創紋樣範例

房子形狀搭配條紋以及繞圈圈的紋樣，組合出三款原創圖樣的迷你布巾就完成了。每個針目的交叉點是否有確實密合，是能繡出漂亮作品的重點。

How to make >> **p.58-59, 65**

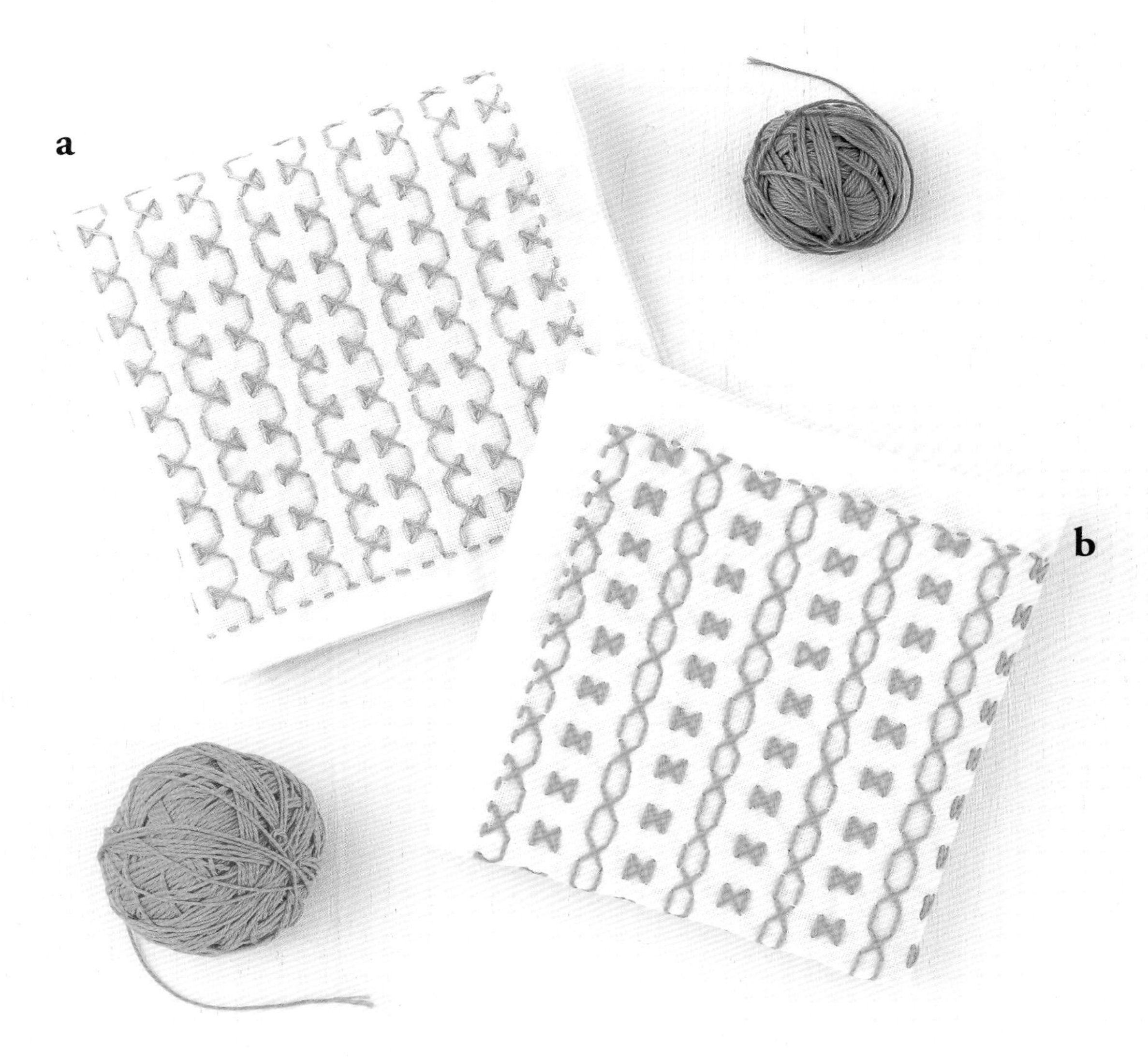

16
蝴蝶結

在兩個縱向針目之間以「ｘ」交錯刺繡，就能形成連續的蝴蝶結圖樣（**b**）。背面（**a**）則是相對的線圈形成如波浪般的紋路。不論是哪一款紋樣，可愛程度都是最佳主角等級喔！

How to make >> **p.59**

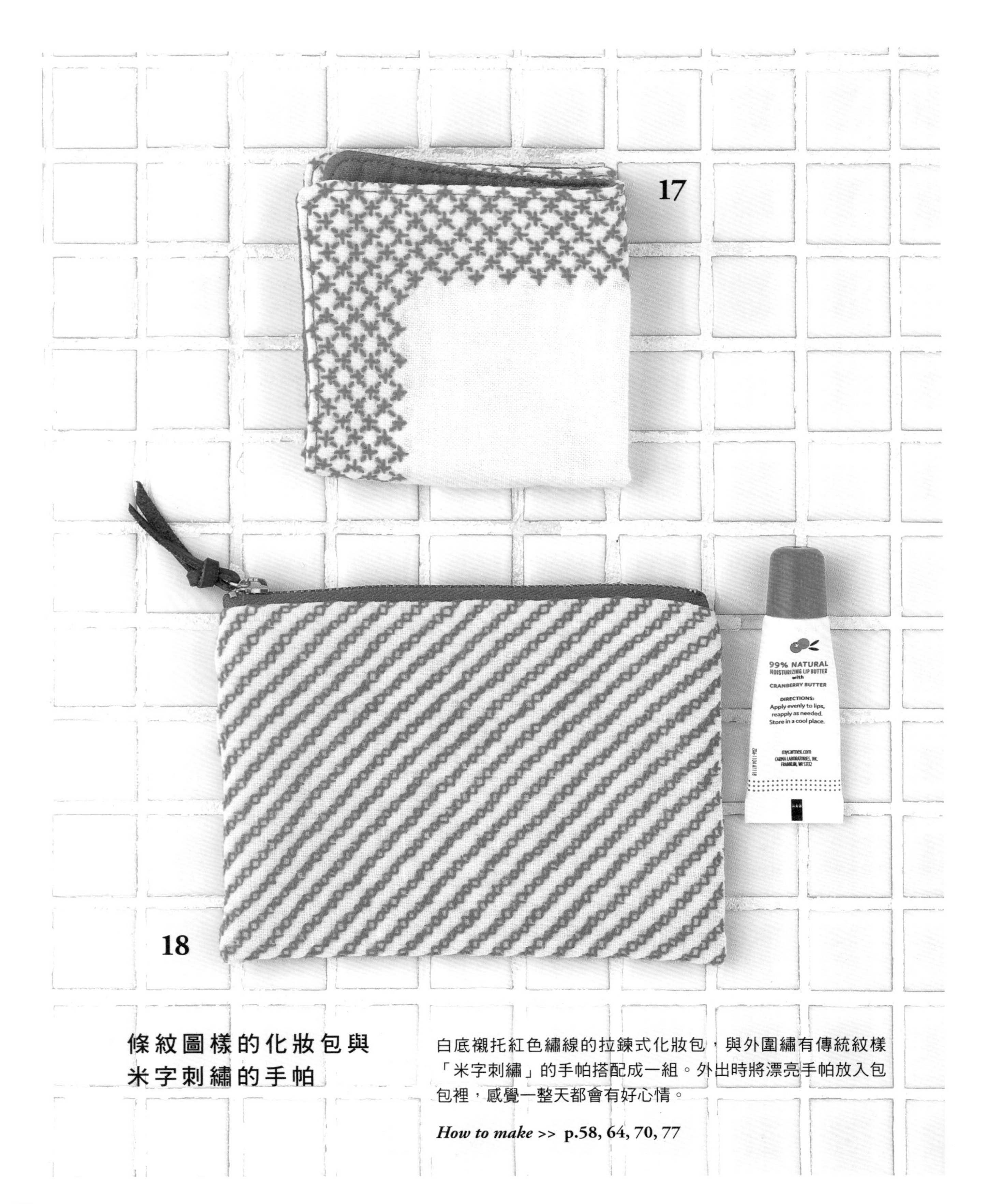

條紋圖樣的化妝包與
米字刺繡的手帕

白底襯托紅色繡線的拉鍊式化妝包，與外圍繡有傳統紋樣「米字刺繡」的手帕搭配成一組。外出時將漂亮手帕放入包包裡，感覺一整天都會有好心情。

How to make >> **p.58, 64, 70, 77**

19

小花圖樣的束口袋

使用兩種不同顏色的繡線，組合變化會更多元。用綠色繡線繡一條向右的斜線，便能組合出甜美花朵的圖樣。製作這款圓滾滾的束口袋時，束口處的布料若選擇與花朵相同的顏色，更能展現出整體性喔！

How to make >> **p.60, 71**

錢形刺繡及其應用

這款為日本古代錢幣外型的吉祥紋樣。將下方左圖的「六文錢刺繡」作為基礎後再做增減針目，圖樣就能有多種不同的變化。背面的圖樣也非常漂亮，強烈推薦可以挑戰看看。

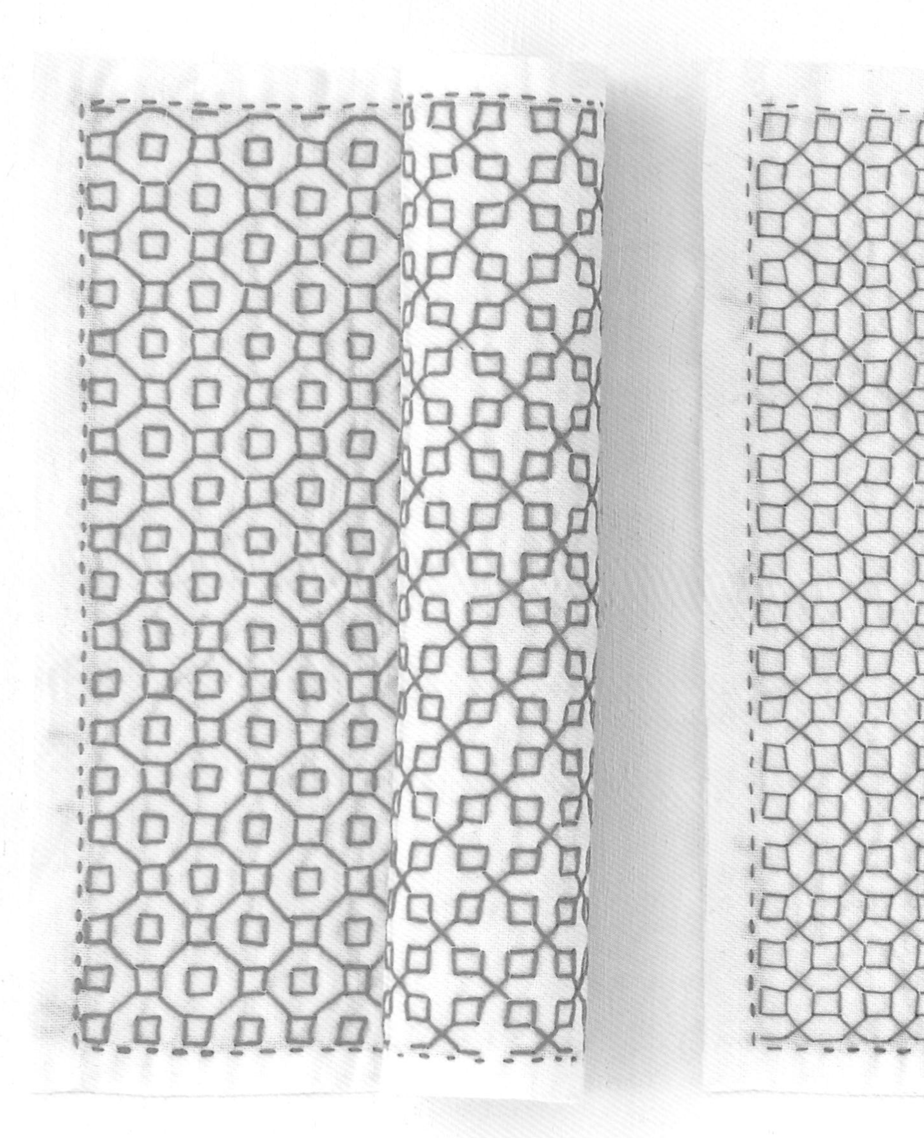

20 六文錢刺繡

像錢幣排列在一起的獨特紋樣。先繡出四方形，接著每間隔一個四方形，用斜線連接起四個角。

How to make >> **p.60**

21 錢形刺繡

以「六文錢刺繡」為基底增加針目，將所有的四方形都以斜線連接，就變成這款「錢形刺繡」。

How to make >> **p.60**

22
錢形刺繡的
應用1

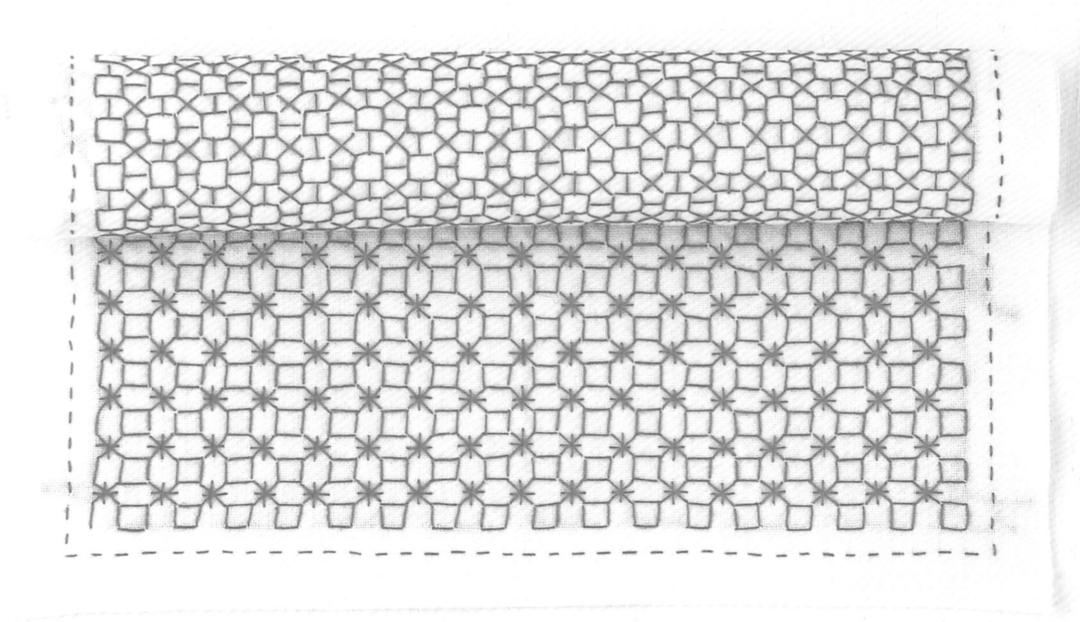

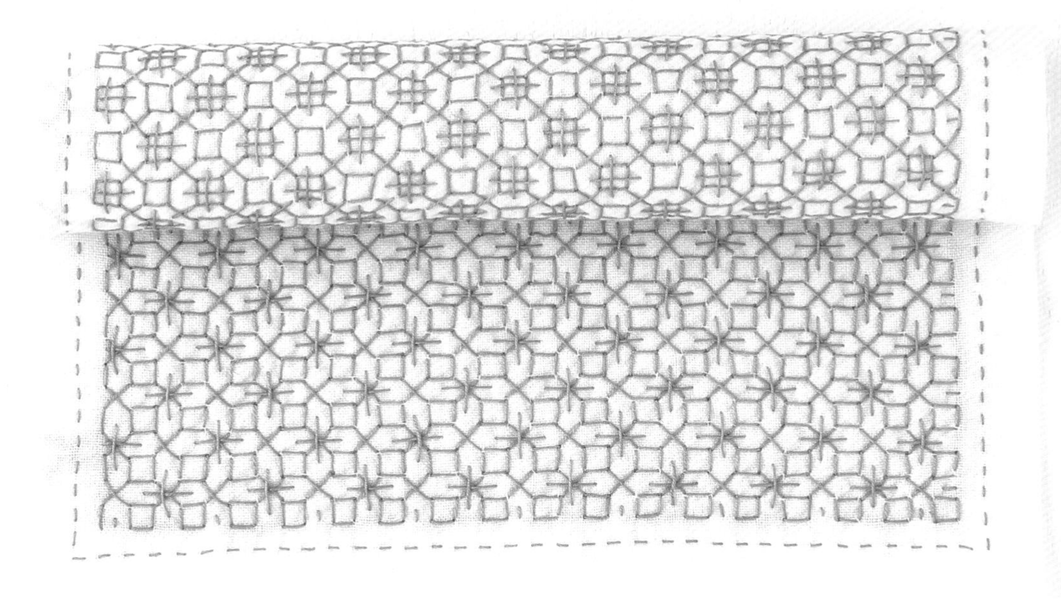

23
錢形刺繡的
應用2

在「錢形刺繡」上多加一個十字紋樣，就能變化出這款細緻又可愛的圖樣。**22**為0.5cm針目；**23**為1cm針目，分別在斜線的交叉點上重疊刺繡。

How to make >> **p.60**

24

錢形刺繡範例

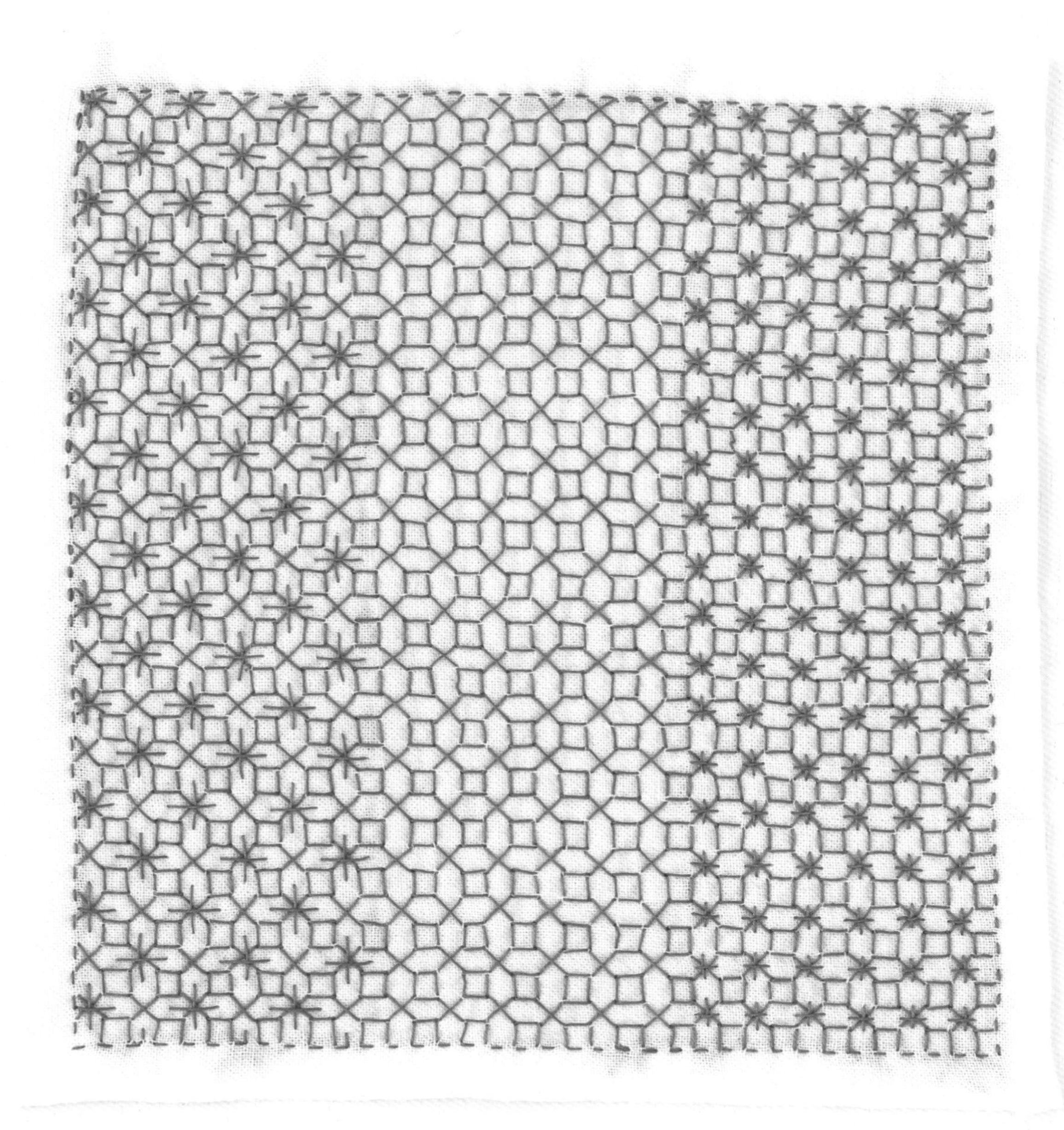

應用「錢形刺繡」做成縱向排列。先繡完整體所有的「錢形刺繡」之後，再分別於兩側疊加小針目的十字紋樣，右側做小針目（應用1），左側做大針目（應用2）。

How to make >> **p.60, 66**

25
錢形刺繡的隨身包

a

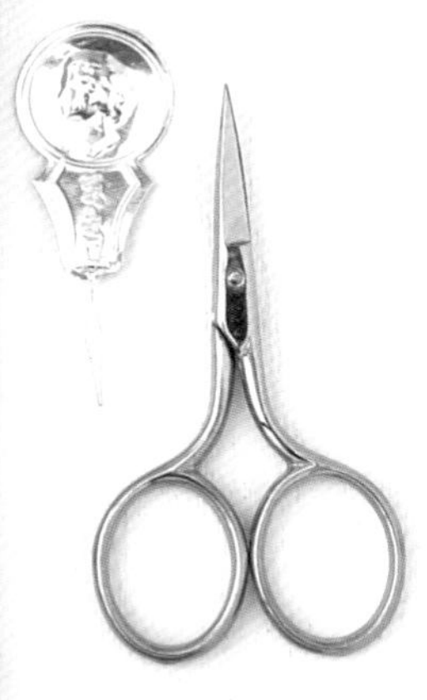

b

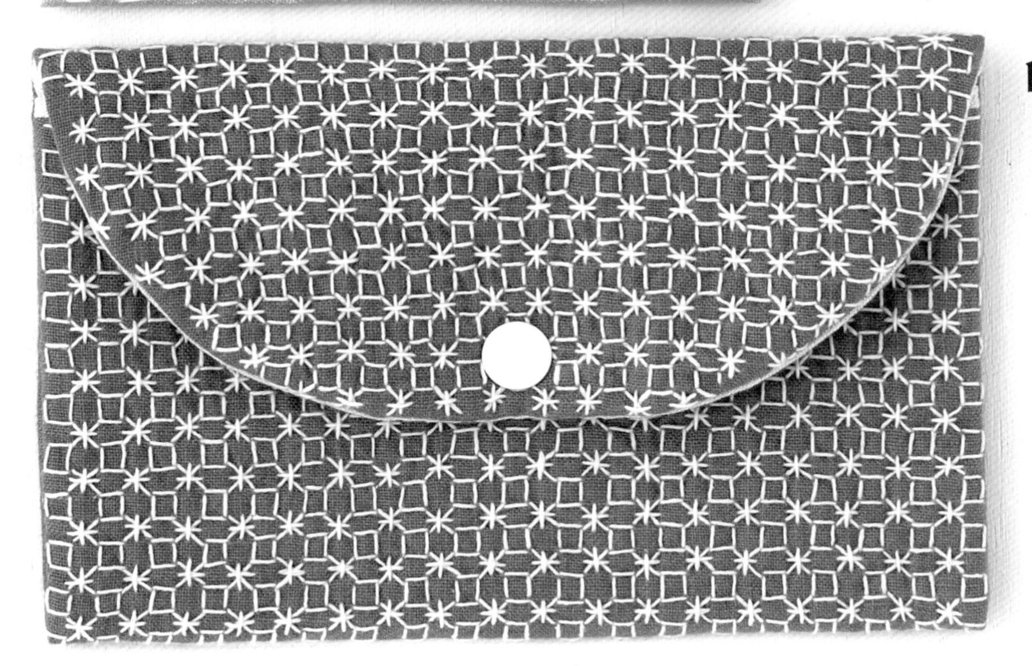

這款將「錢形刺繡的應用1」繡在染色亞麻布的隨身包上，只有蓋子和包包的正面有刺繡。要一邊留意刺繡起點以及紋樣的分布，一邊仔細地刺繡喔。

How to make >> **p.60, 72**

十字花刺繡·麻葉

「十字花刺繡」與「麻葉」，是一目刺技法當中細緻度和華麗感都更上一層的紋樣。隨著縱向、橫向、斜向的針目不斷重複疊加的過程中，漸漸浮現完整的紋樣令人心動不已。

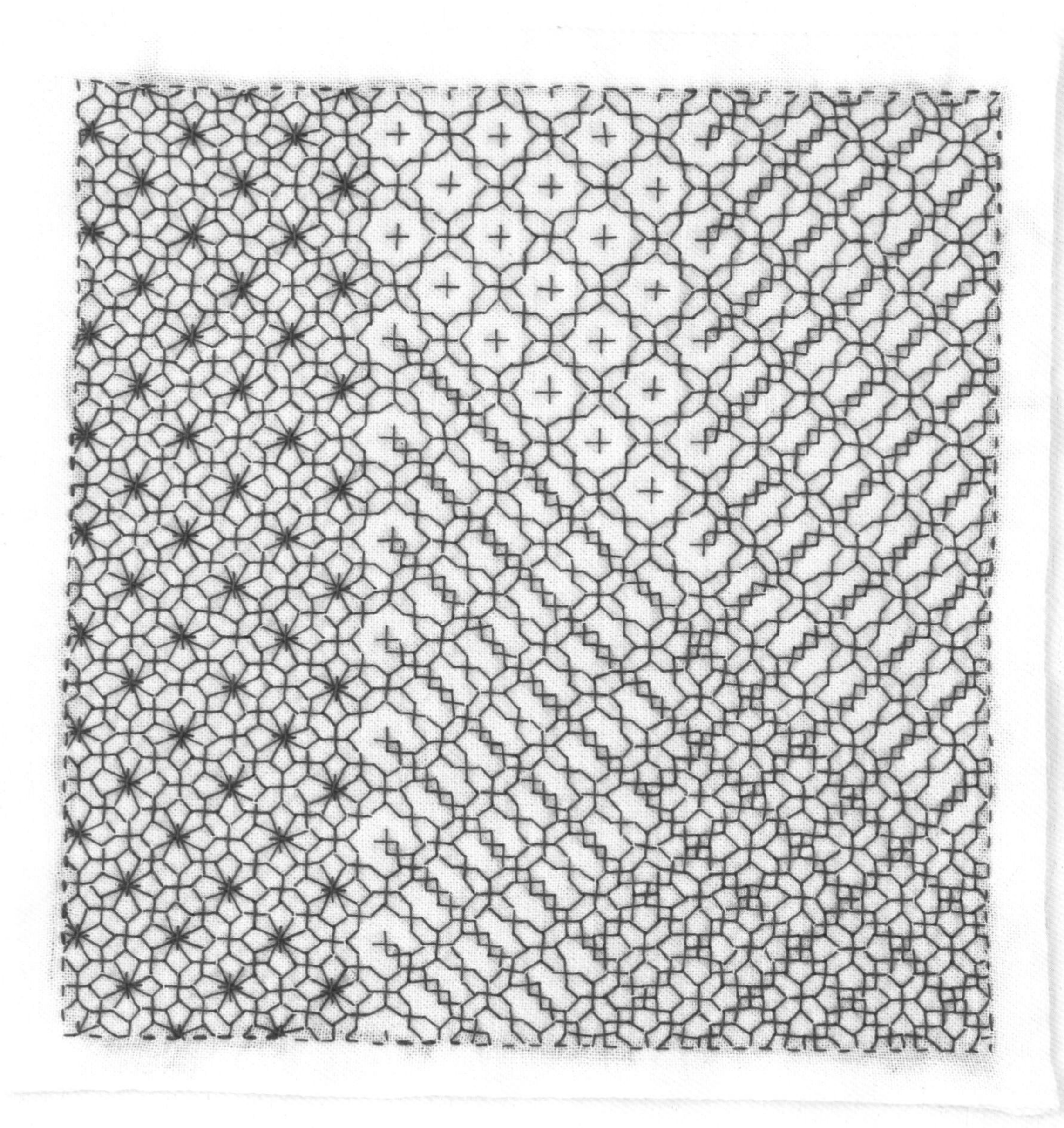

26
十字花刺繡範例

繡完整體所有的「十字花刺繡」後，再加上三種不同的組合變化就能輕鬆完成。可以清楚看到紋樣一點一點產生不同的變化，若運用較細的手縫線來刺繡，整體呈現的質感會更加精緻。

How to make >> **p.54, 60-61, 67**

27

十字花刺繡的針插

這款是讓手作時光更增添趣味的針插！繡完「十字花刺繡」後，再於十字下方以穿線繡做放射狀的斜線，惹人憐愛的花朵紋樣就完成了。

How to make >> **p.61, 74**

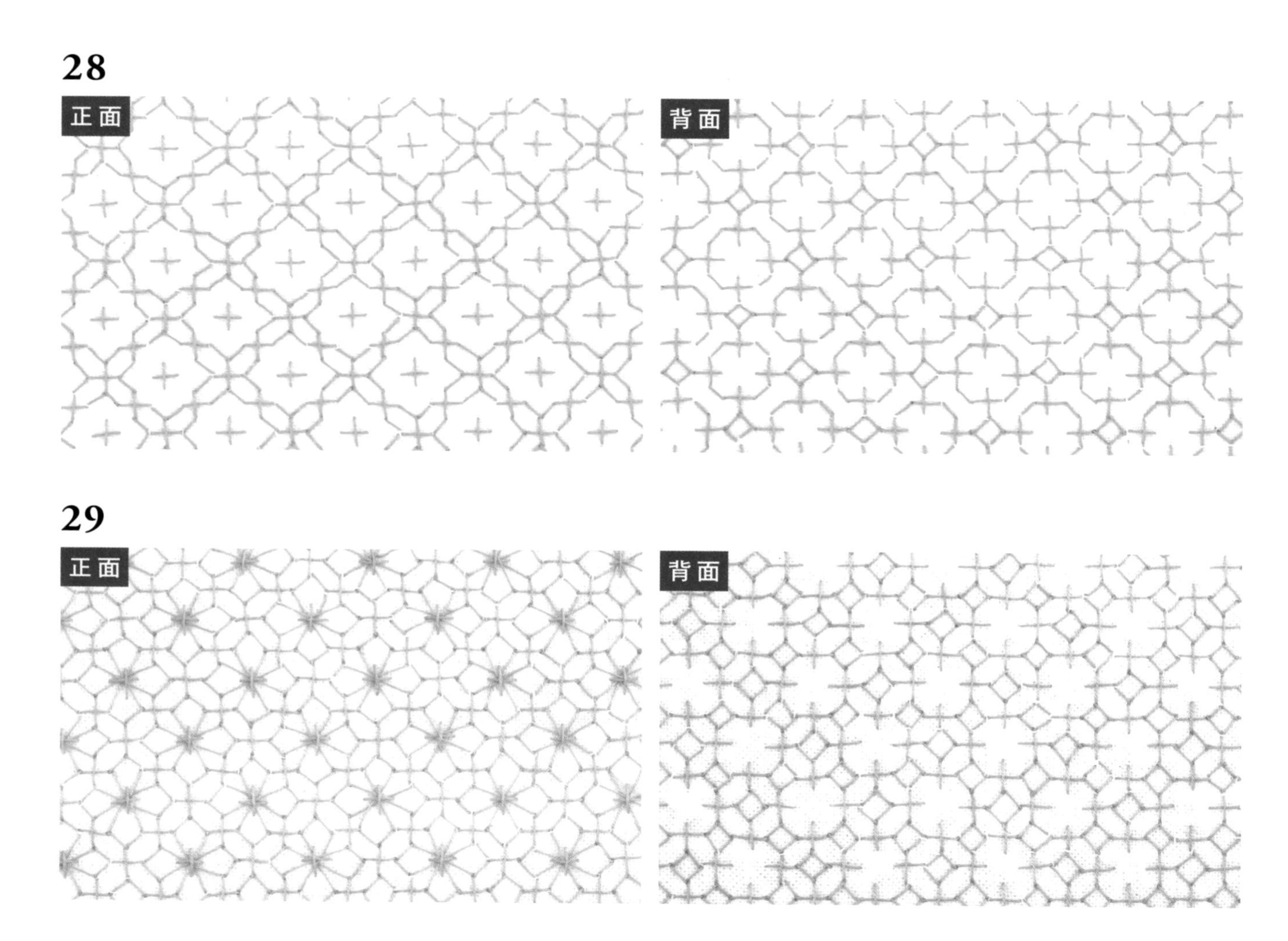

28是「十字花刺繡」的基本型，**29**依其做應用變化，便形成p.25針插上的圖樣。
由於背面的渡線較多，除了**29**的正面，背面圖樣也相對變得精緻細膩。

十字花刺繡隨身包與束口袋

在隨身包或束口袋這類的布製生活小物上做一些「十字花刺繡」，樸素的小物件瞬間華麗變身。橫向、縱向、斜向都有繡線運行，使整體紋樣不容易歪斜，還能增加布料的強度。使用原色繡線來刺繡，更能呈現出沉著穩重感。

How to make >> **p.54, 60, 70, 75**

30

31

32 麻葉

「麻葉」是傳統紋樣中備受喜愛的圖案。藉由規律交錯的放射狀繡線，美麗的圖案油然而生。依刺繡的順序以及針目的長度，呈現出的樣貌也會有些許不同，背面則會呈現龜甲紋樣（**b**）。

How to make >> **p.61**

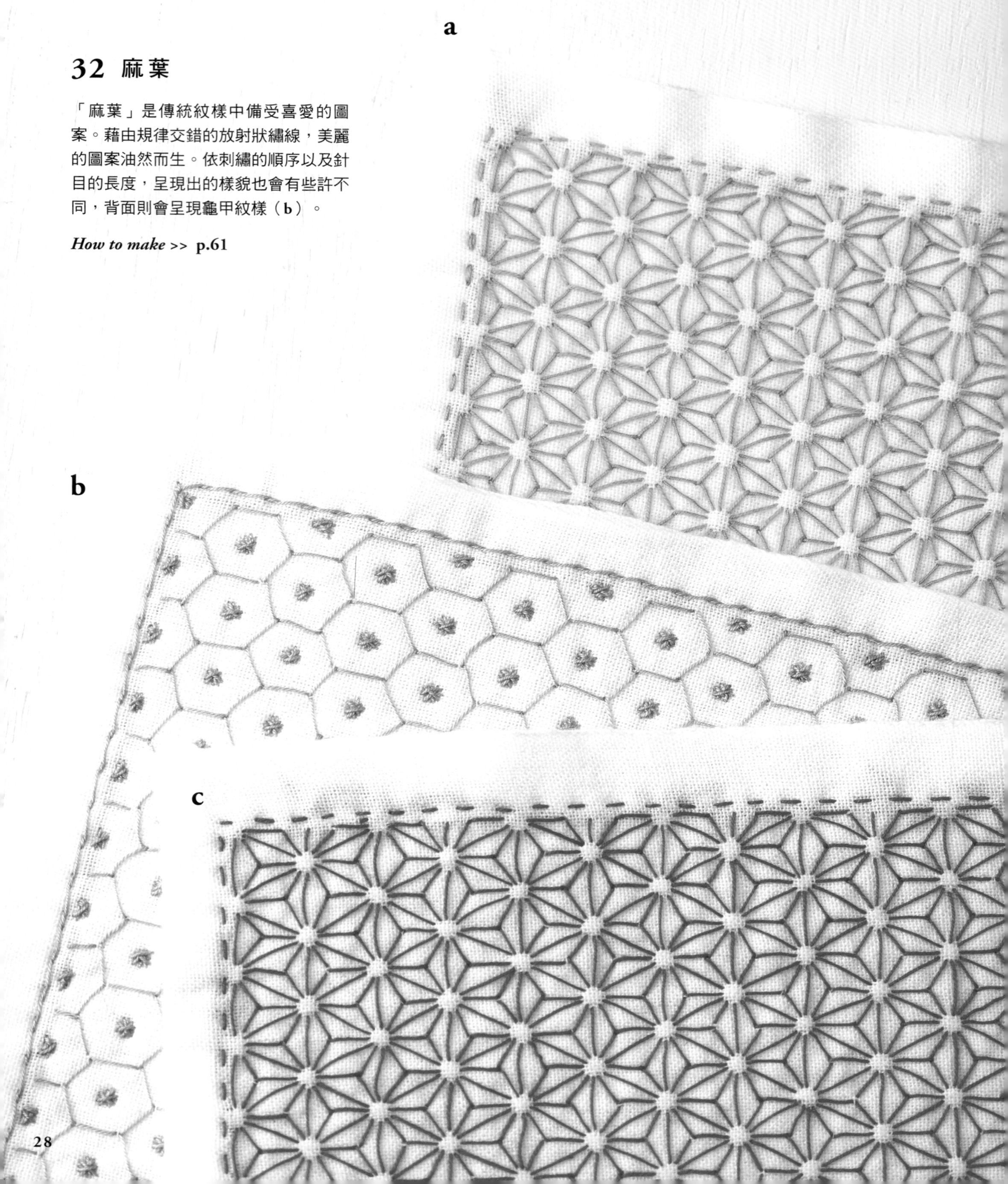

33

麻葉的針插

在挑戰製作手巾作品前，建議可以先練習小一點的作品，藉此掌握刺子繡的訣竅。在白色亞麻布上使用手縫線做刺繡，製作完成的針插超可愛！若使用不同顏色的繡線進行，更令人忍不住一個接一個地繼續做。

How to make >> **p.61, 74**

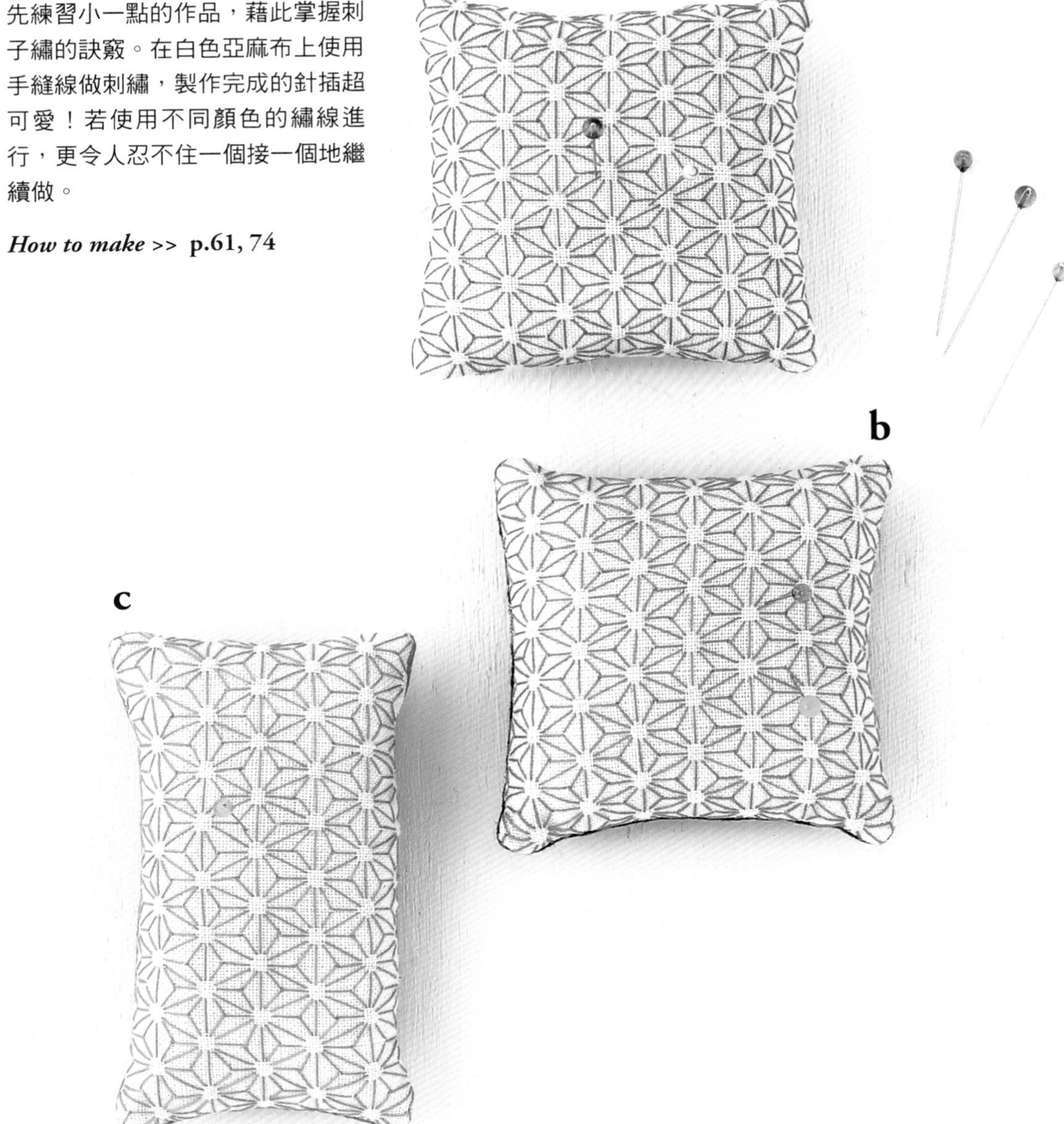

穿線繡

穿線繡是將繡線穿過作為基底的針目後，串接起來繡出紋樣的一種刺子繡技法。
即使基底的針目相同，僅僅改變繡線的穿線方式，也可以創造出各式不同的圖樣。

b

a

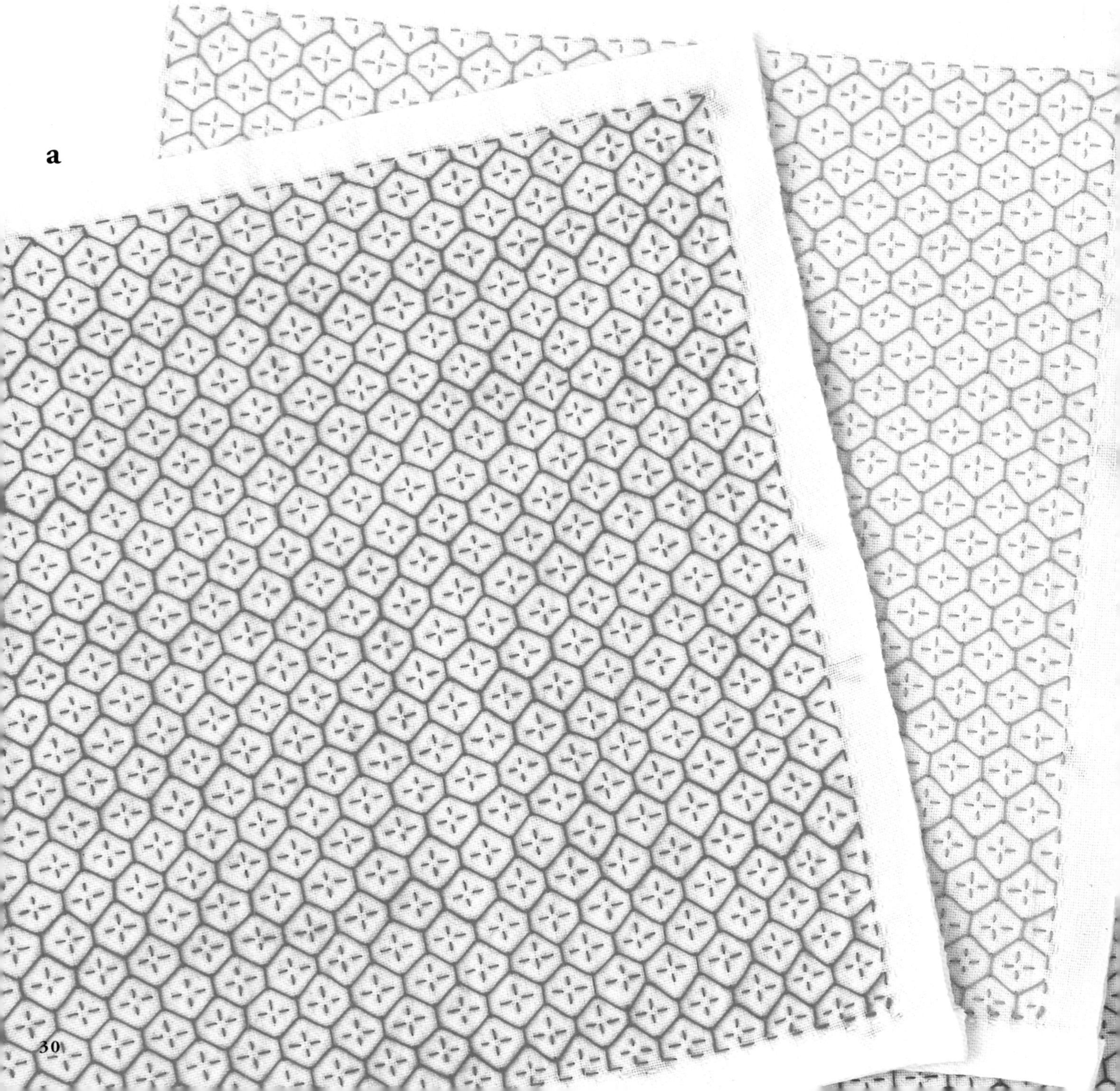

34
花龜甲刺繡

「花龜甲刺繡」是在龜甲紋樣中央搭配一朵像小花的十字紋樣。為了避免穿越的繡線過於浮現，這裡在繡針目的順序中下了點工夫，能使成品更漂亮，背面會呈現如**e**一般的紋樣。

How to make >> **p.55, 62**

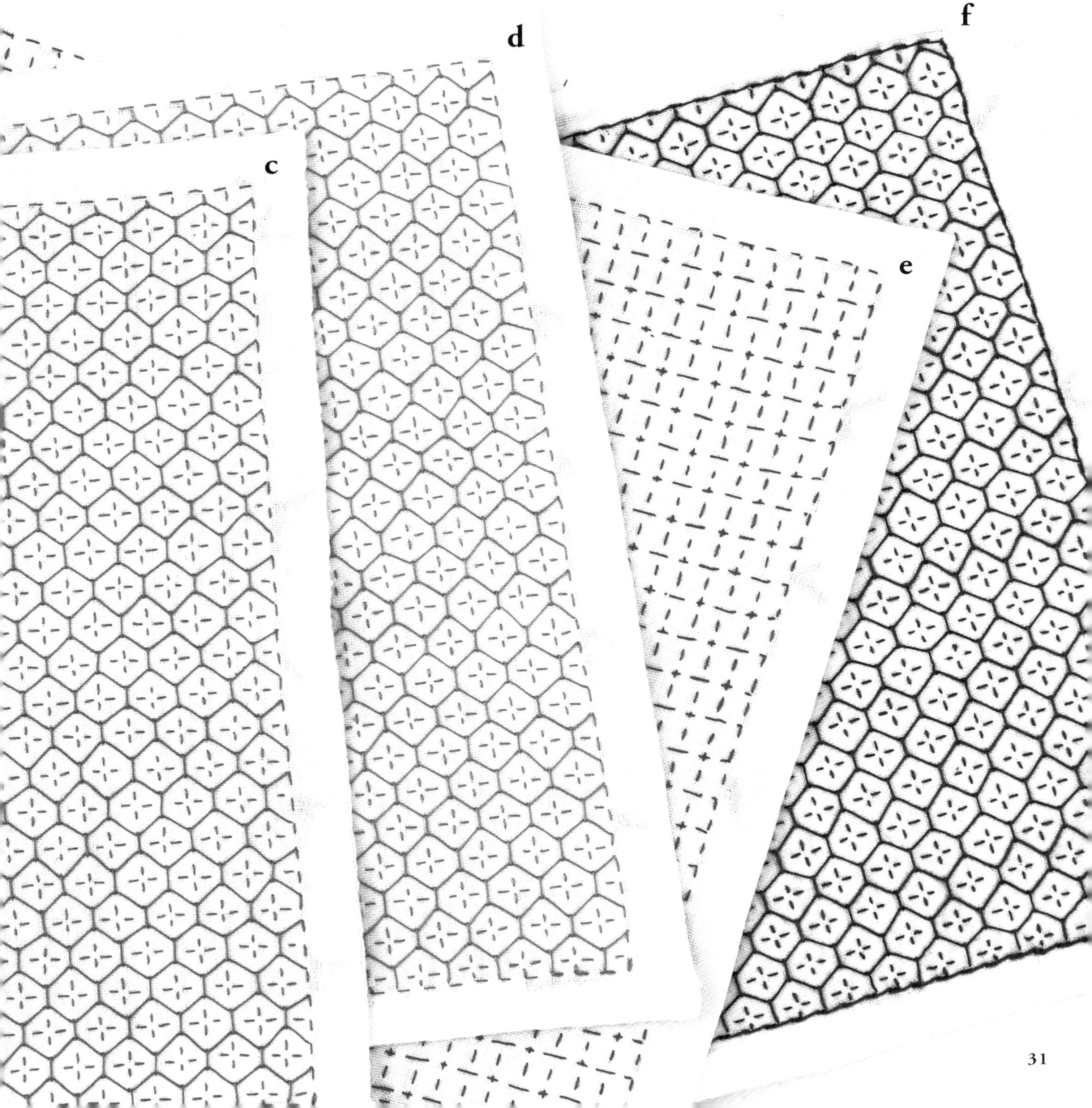

f

d

c

e

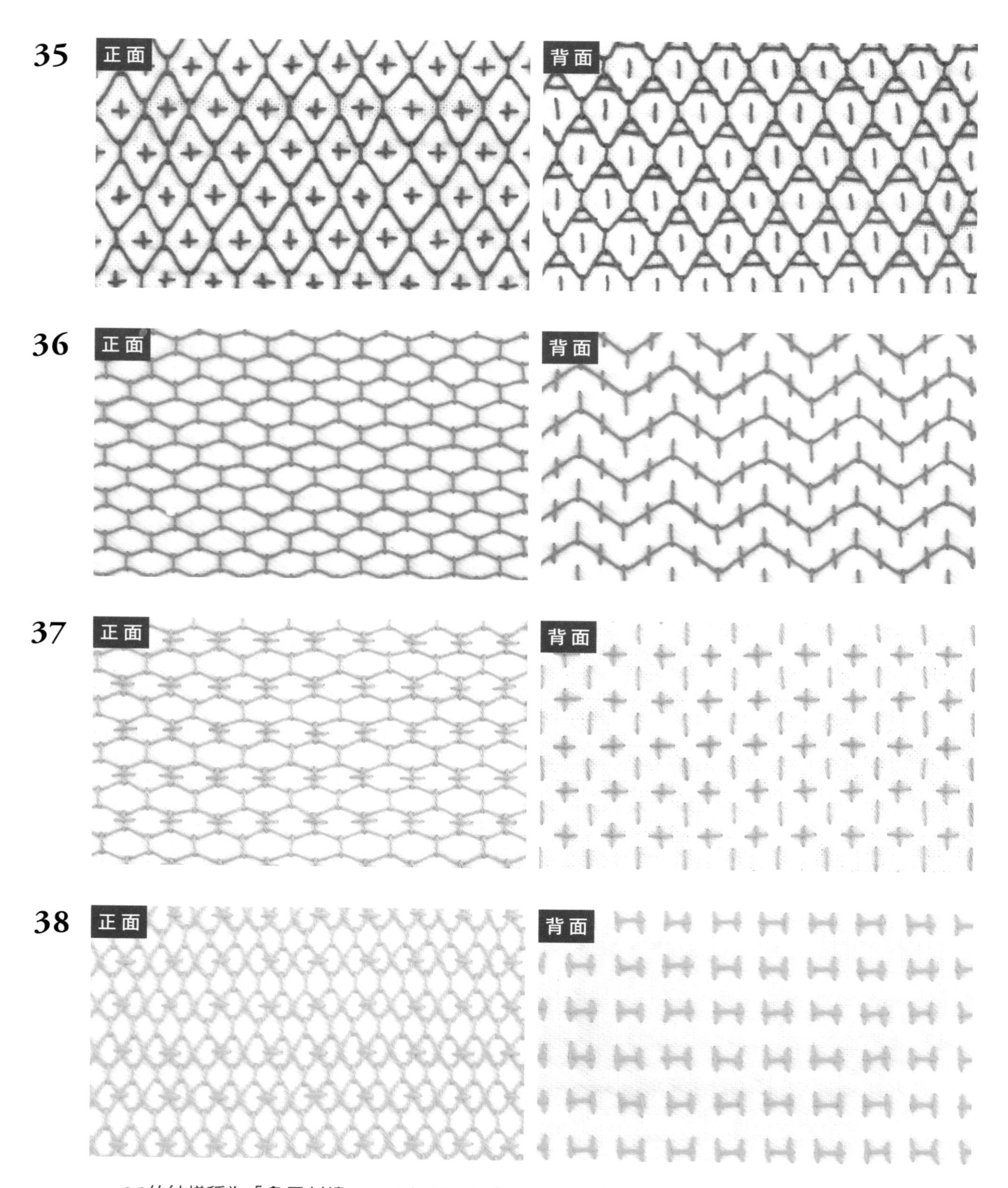

35的紋樣稱為「龜甲刺繡」，又有正面為「親龜」、背面為「子龜」的別名。繡完正面的針目後，背面也會進行穿線繡。**36**是另一款「錢形刺繡」，正反兩面都有縱向針目的穿線繡。**37**是**36**的變化版，橫線每隔一排要做一次穿線繡。**38**是波浪狀的紋樣，要以交錯方式做穿線。

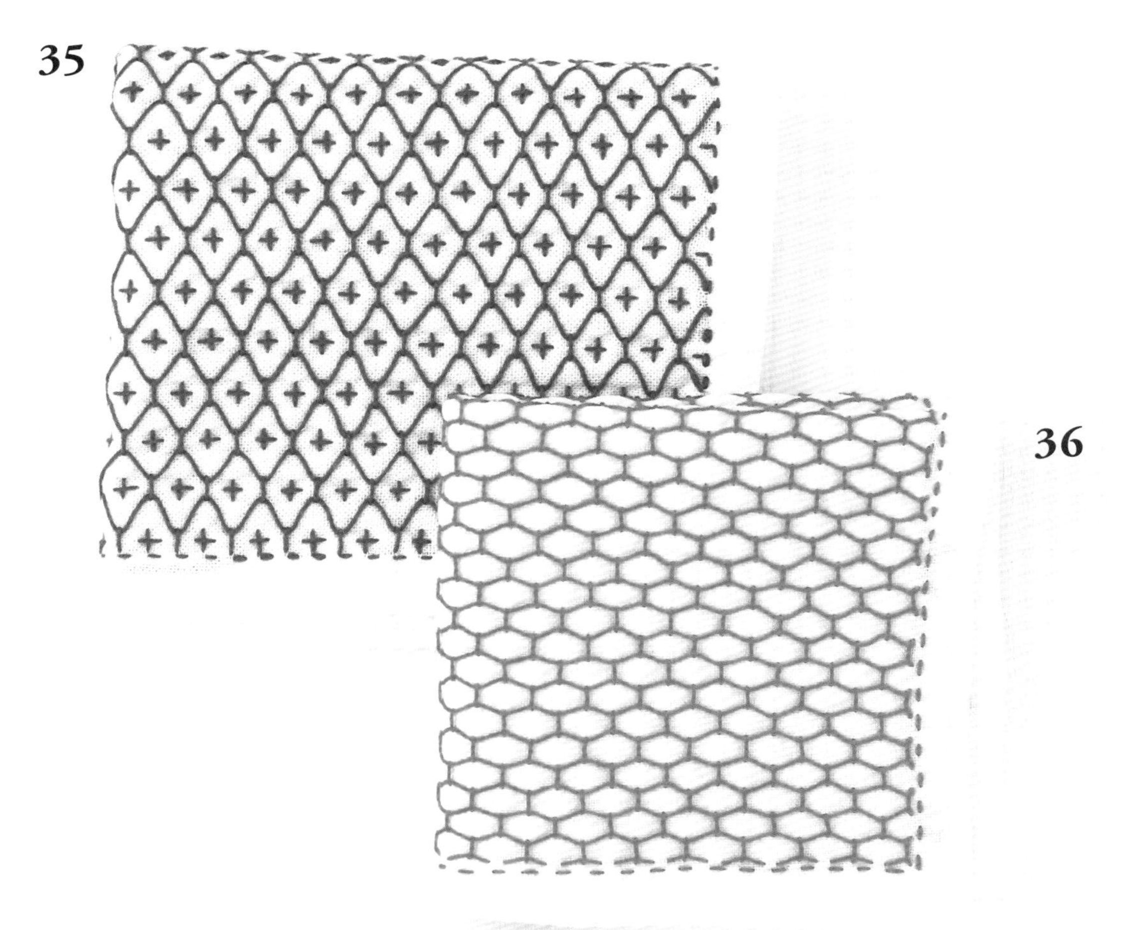

35

36

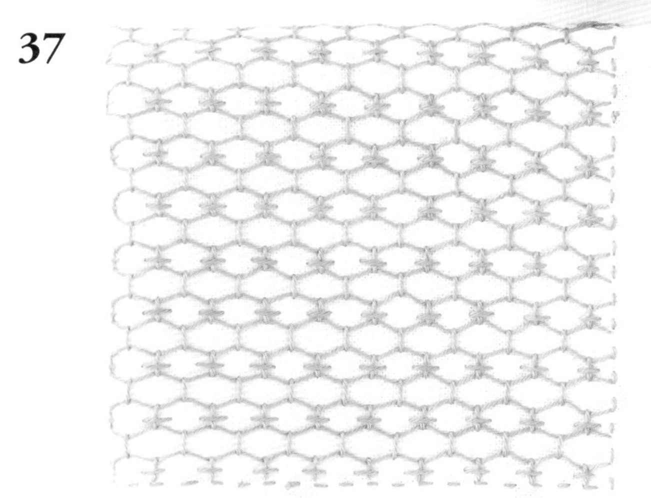

37

龜甲刺繡及其應用

正反兩面會呈現不同圖案的穿線繡技法，可以讓布巾的魅力倍增。37是36的變化款，每做完一列穿線繡，就要接著繡橫向針目。

How to make >> p.62-63

格紋·小花刺繡·米字刺繡

即使基礎的繡法相同，稍微改變針目長度與位置的配置，就能轉變成完全不同的圖樣，
這也是一目刺饒富趣味的地方。

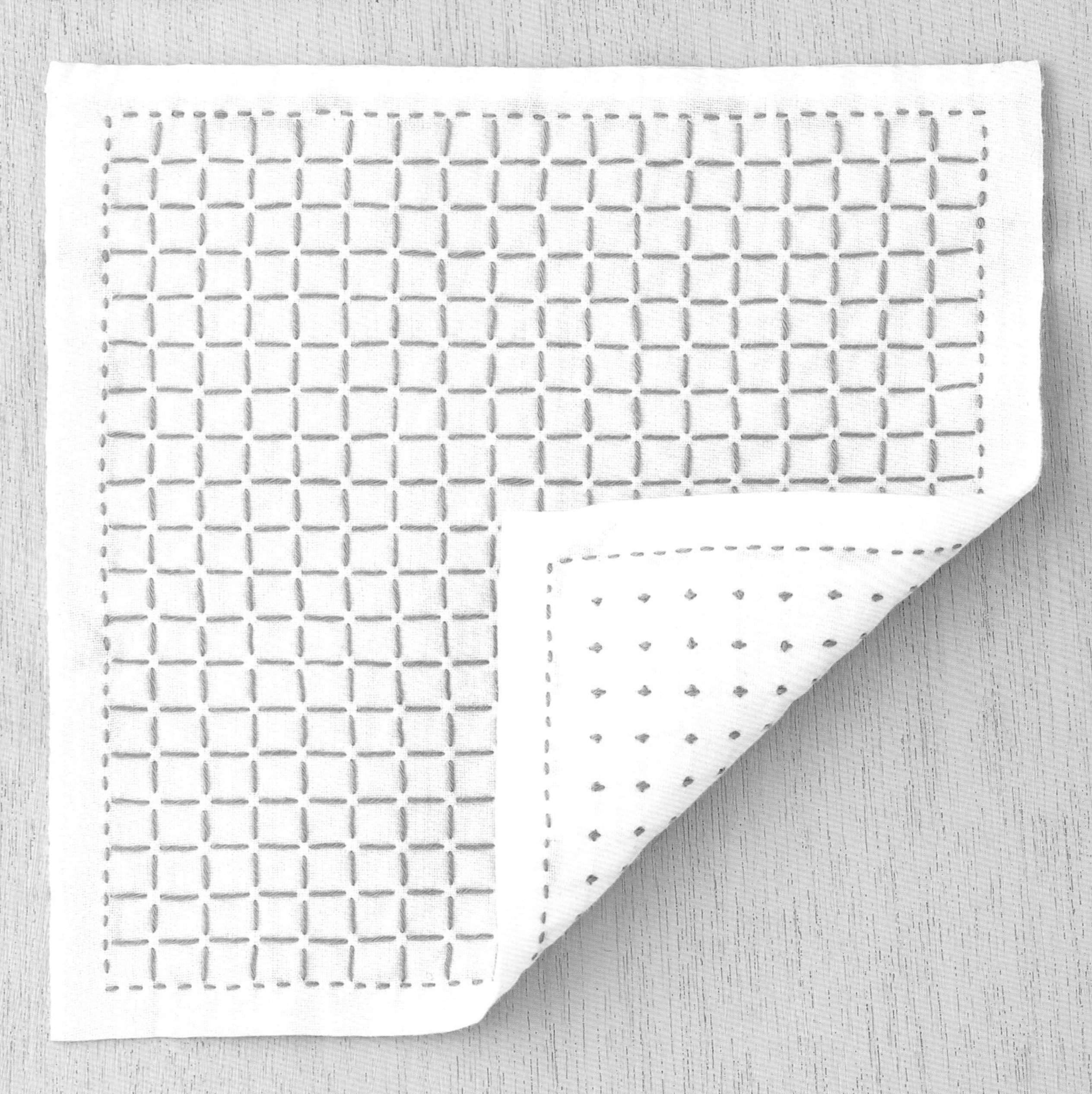

39
格紋

這款可以說是一目刺的最基本紋樣。所有交叉點要距離0.2cm，沿著標示線分別繡出長度一致的橫向及縱向繡線。背面會呈現可愛的點狀圖樣。

How to make >> **p.63**

40
小花刺繡

在布上畫出0.5cm的方格，沿著標示線逐一在橫向、縱向及斜向都繡一樣長度的繡線。呈現的圖樣與「米字刺繡」相似，不過這款紋樣的針目較長，成品圖樣會較密集。

How to make >> **p.63**

41
小花刺繡範例

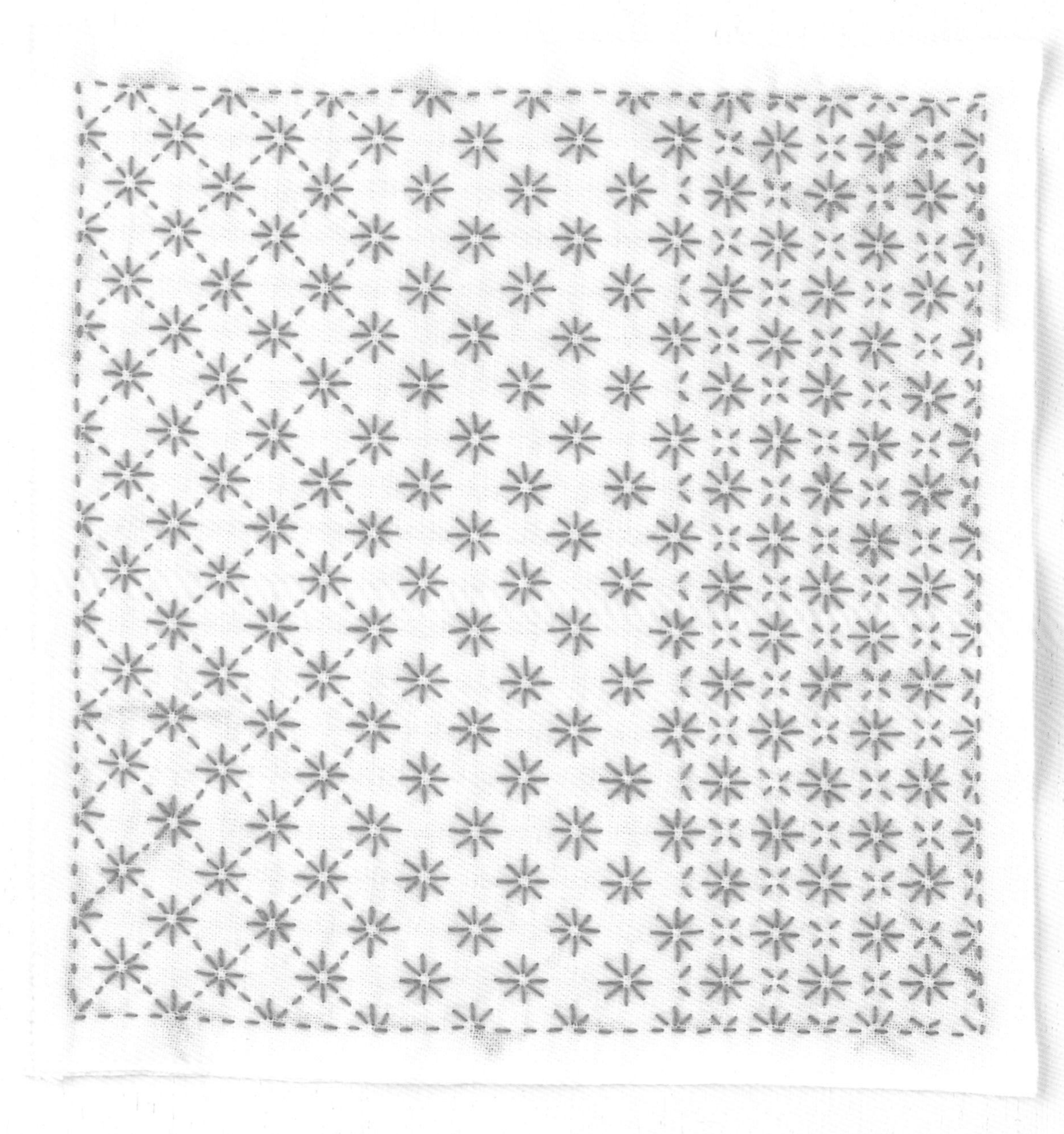

這款是稱為「小花刺繡」的傳統紋樣。以針目長度一致做放射狀刺繡完成後，就成了可愛的小花模樣。只要稍微做一點變化，就能完成如同範例般的漂亮圖樣。

How to make >> **p.63, 64, 66**

42
米字刺繡範例

因為完成後的圖樣呈現「米」字形狀，因此而得名。先繡完整體的十字紋樣後，再改變針目長度或繡法，組合變化出不同的紋樣，就能呈現出不同風貌。

How to make >> **p.64, 68**

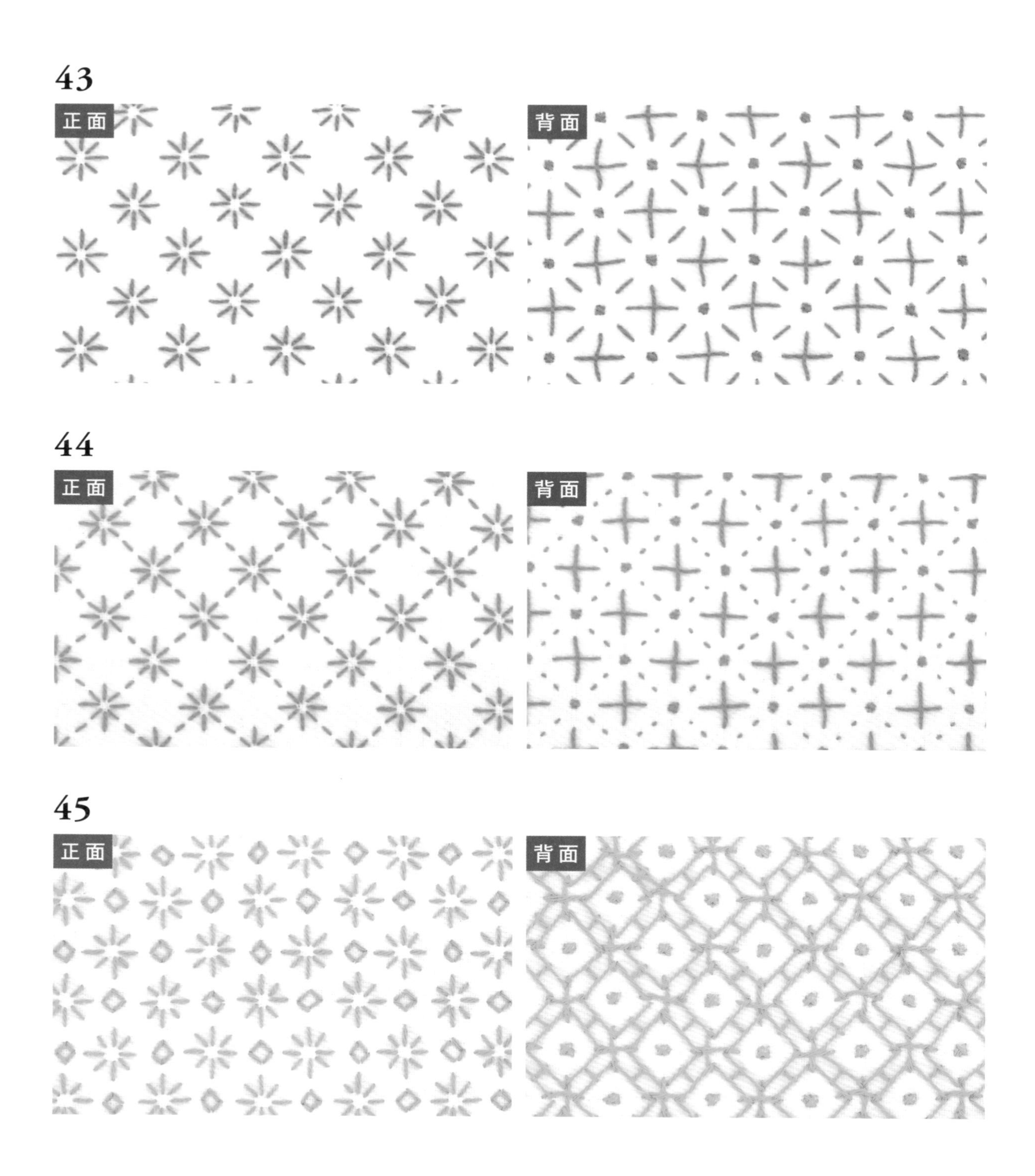

43是基本的「小花刺繡」。44是以43為基底增加針目形成格子狀圖樣。45是繡完43之後，再加上菱形圖樣。背面的紋樣變化也非常吸睛（圖案請參照p.63-64）。

46
小花刺繡的迷你提袋

整體繡滿「小花刺繡」的可愛迷你提袋。簡約又沉穩的搭配是這款作品的配色訣竅。從袋口邊緣開始繡，能較容易安排圖案位置，成品也會更漂亮。

How to make >> **p.63, 76**

47

小花紋樣的萬用包

使用雙色繡線來做刺繡，再搭配「米字刺繡」做變化。在藏青色的亞麻布上，以白、綠兩色刺繡，可愛的小花模樣便完成了。製作成實用的萬用包，任何場合、任何時候都能派上用場！

How to make >> **p.65, 77**

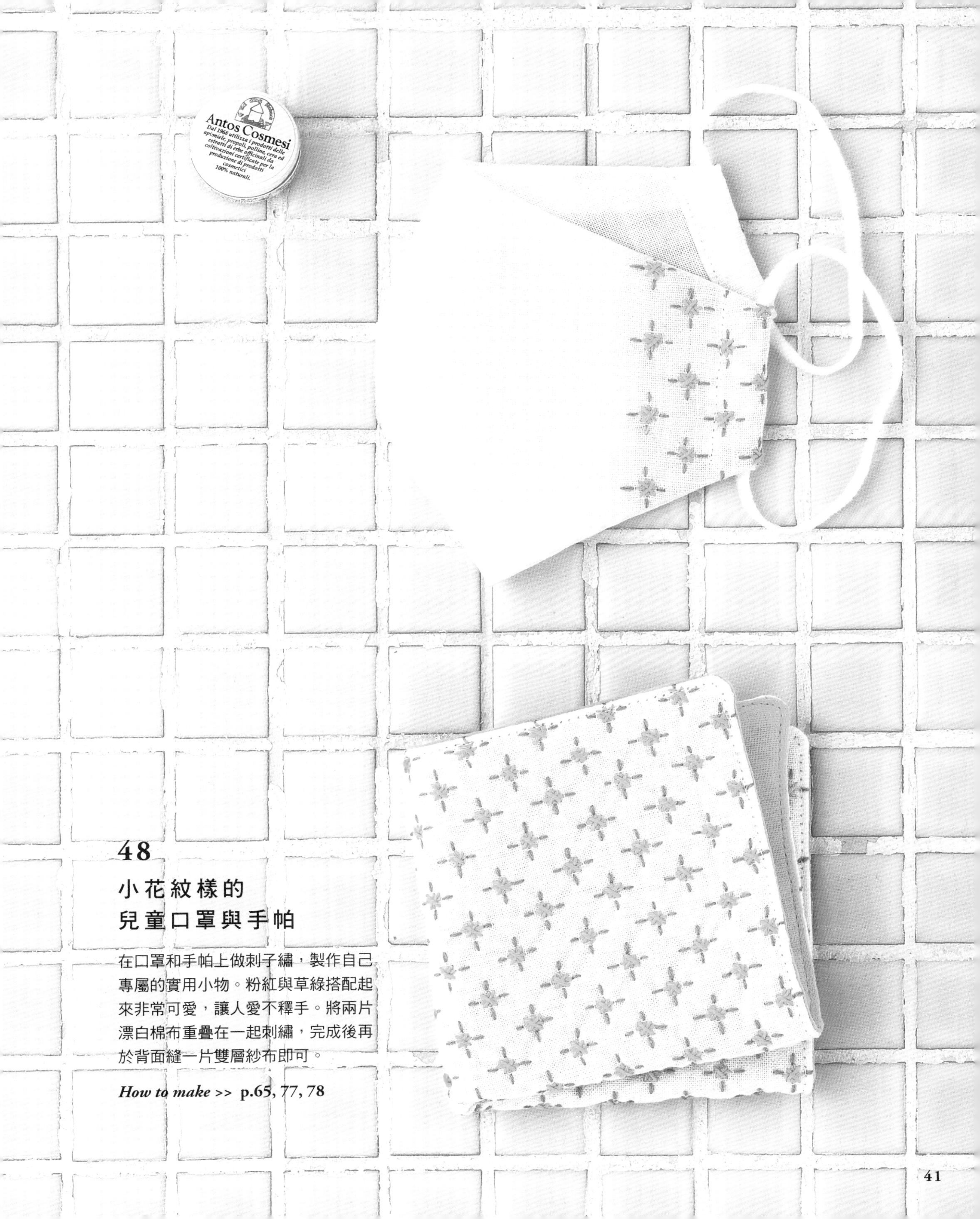

48

小花紋樣的
兒童口罩與手帕

在口罩和手帕上做刺子繡，製作自己專屬的實用小物。粉紅與草綠搭配起來非常可愛，讓人愛不釋手。將兩片漂白棉布重疊在一起刺繡，完成後再於背面縫一片雙層紗布即可。

How to make >> **p.65, 77, 78**

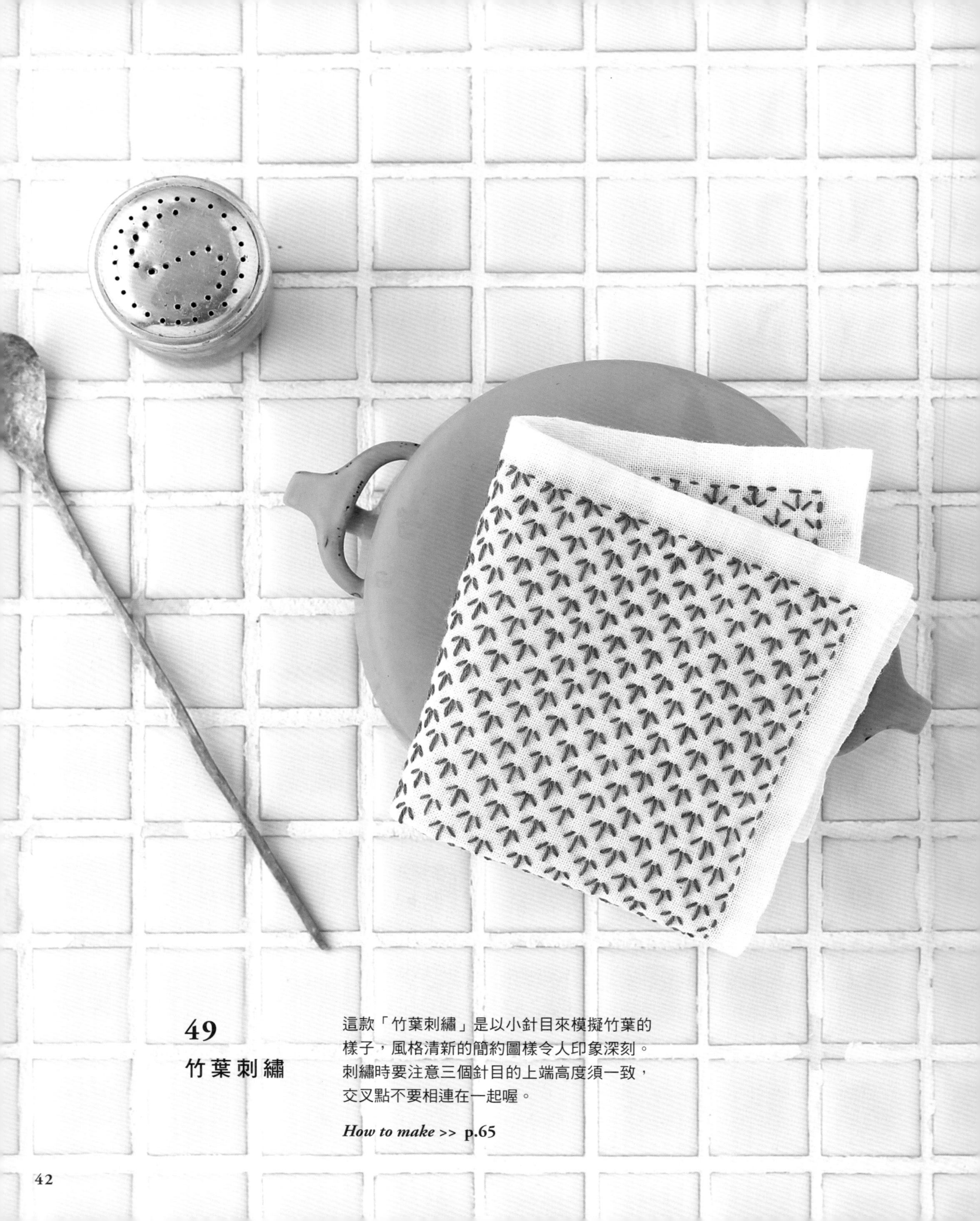

49
竹葉刺繡

這款「竹葉刺繡」是以小針目來模擬竹葉的樣子，風格清新的簡約圖樣令人印象深刻。刺繡時要注意三個針目的上端高度須一致，交叉點不要相連在一起喔。

How to make >> **p.65**

我的刺子繡筆記

為了能夠製作出美麗的刺子繡作品，
本單元將介紹布料及繡線的選擇方法，
以及繡線的準備方式等刺子繡相關的基礎知識。
製作布巾和刺繡時須注意的重點，
篇章裡也會附加照片及詳細說明，敬請參考。

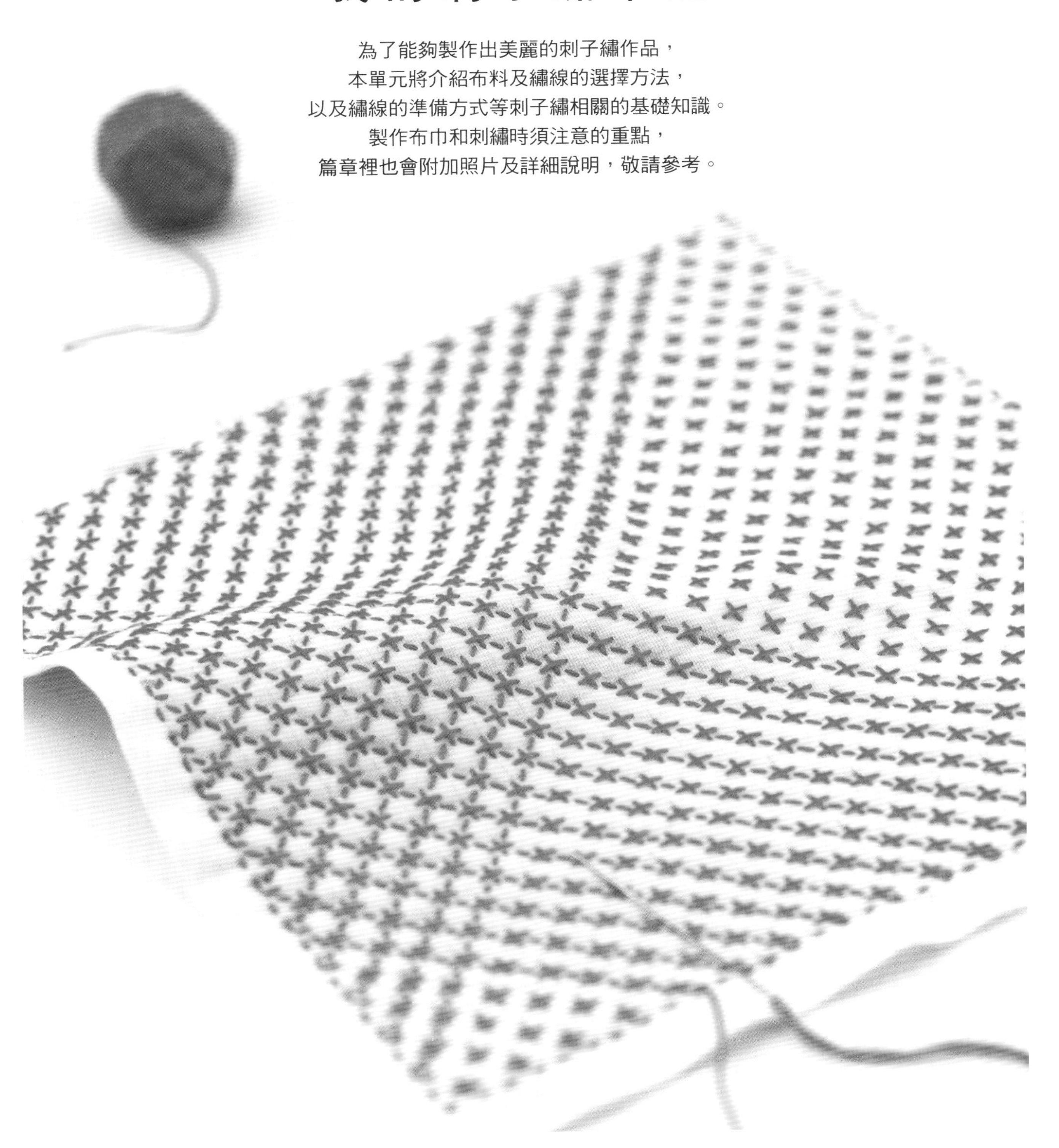

刺子繡基礎

關於繡布

容易使針線穿過的平織布，很適合用來做刺子繡。太厚的布不好刺繡，太薄的布則容易勾壞，背面的渡線也容易透出來，選擇繡布時要特別留意材質。

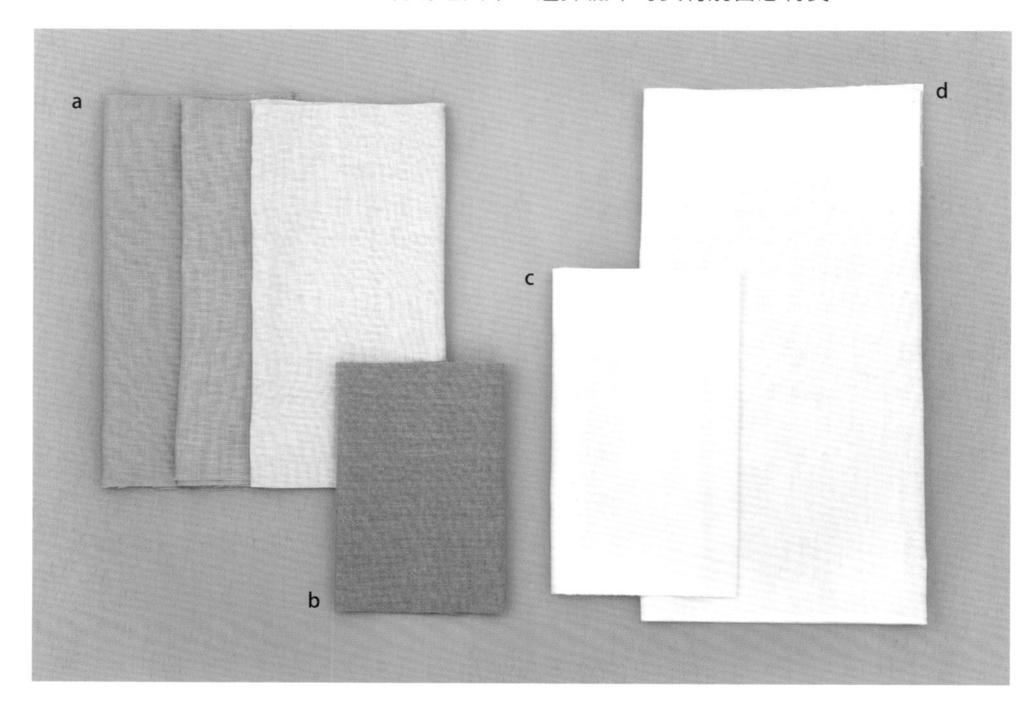

a 亞麻布
製作各種小物時，最推薦使用有多種顏色的亞麻布。可以選擇厚度適中又有些許伸展度的布料。亞麻布較容易縮水，刺繡之前記得先過水洗一下。

b 日本棉布
日本棉布有恰到好處的伸展性，針線穿刺時也非常滑順。此外，織目質地豐富，非常適合用來製作刺子繡。

c·d 漂白棉布
木棉布既柔軟吸水性又佳。布料寬度用來製作手巾剛剛好，可以將兩片布重疊來製作。**c**為業務用規格，寬度20cm。**d**為一般市售常見的漂白棉布，寬度33~34cm。由於**c**不方便少量購買，本書中介紹的製作方式，是以**d**作為材料。

關於繡線

喜歡蓬鬆感的人可以選用刺子繡專用繡線；想要呈現細緻質感則可以選擇較細的手縫線來刺繡。請依照想繡的圖樣及布料厚度，選擇合適的線材來製作。

刺子繡線
刺子繡專用繡線是以數條細木棉線撚成的線材，能繡出漂亮又立體蓬鬆的圖樣。不同品牌的繡線顏色及材質會有所差異，可以多方比較、挑選出喜歡的線材。
a 1捆線20m，單色共29色／OLYMPUS 奧林巴斯刺繡線　**b**〈細〉小捆1束40m，共20色／DARUMA　**c** 1束約85m，單色共21色／HOBBYRA HOBBYRE　**d** 1束145m，單色共44色／本舖 飛騨SASHIKO　**e** 細線　1束約370m，單色共25色／小鳥屋商店　**h**〈細〉紙卡線卷　40m，共35色／DARUMA

手縫線
適合想要在手巾類的小物上繡製細緻圖樣時使用，建議選用跟布料一樣材質的100%棉質手縫線。
f「DARUMA家用繡線〈細〉」100m，共56色／DARUMA　**g**「DARUMA家用繡線〈粗〉」100m，共9色／DARUMA
i「TSUYOI系」24號，100m，共30色／金龜系業

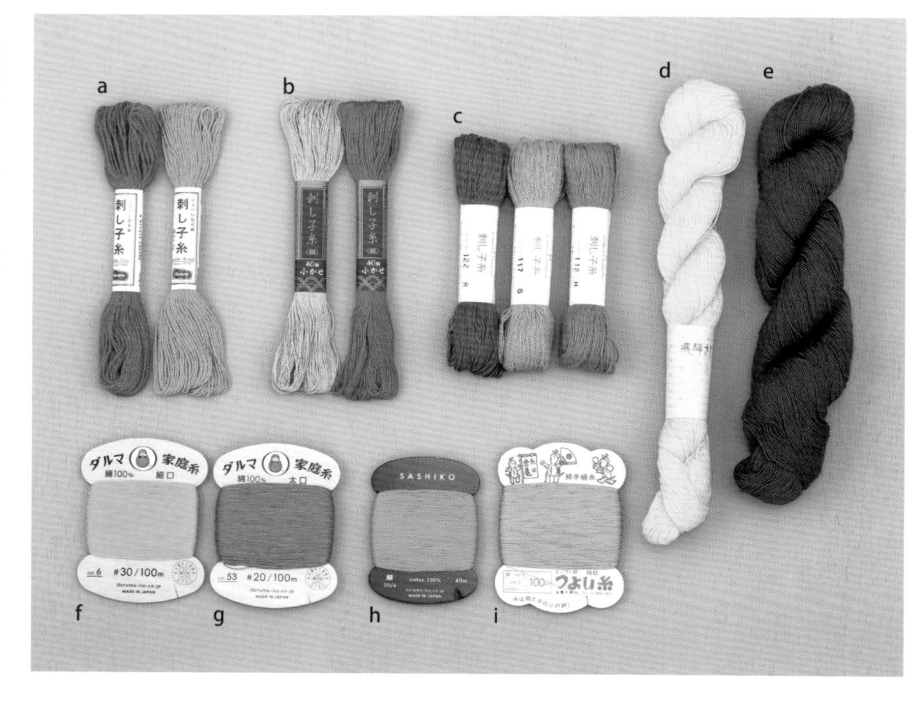

關於工具

準備一些方便使用的工具可以讓作業過程更順暢，成品也會更漂亮。
以下介紹最基本應該準備的工具。

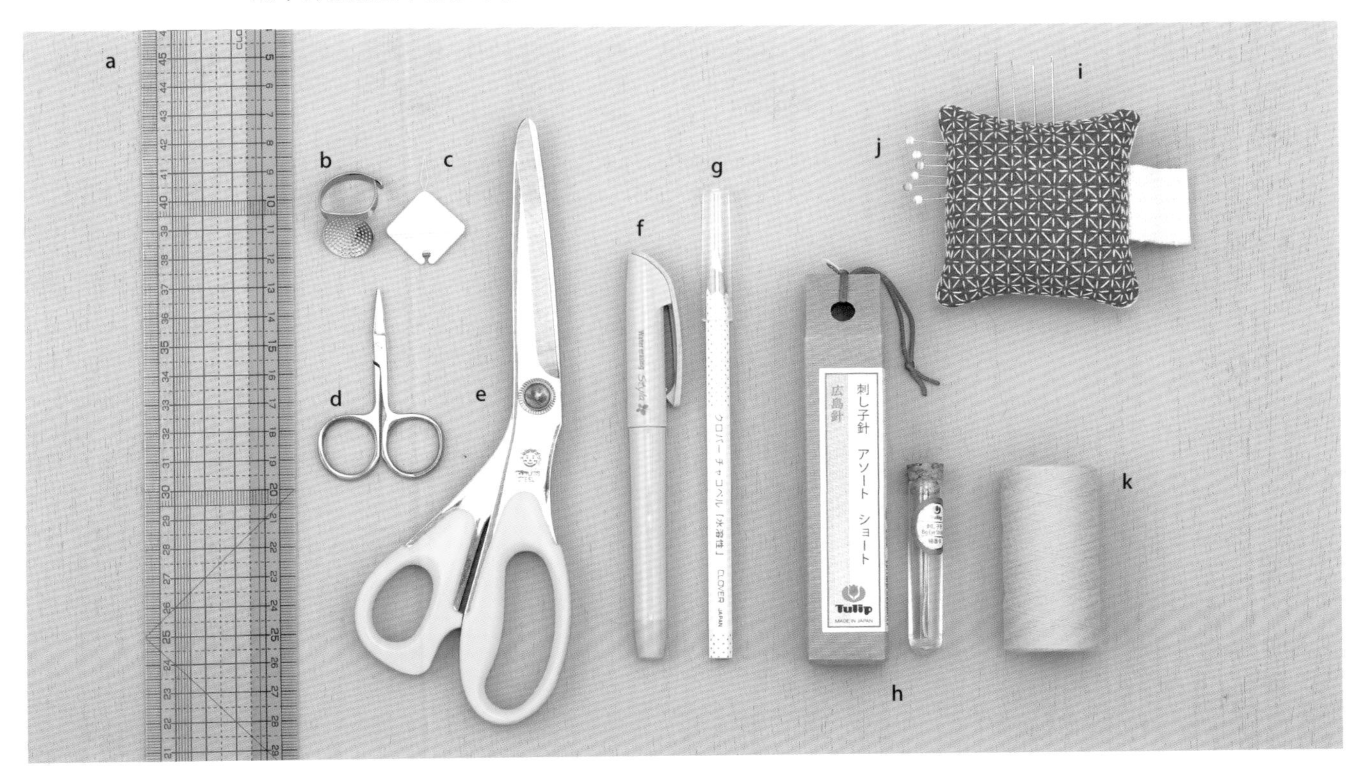

a 方格尺
在布上畫標示線時使用。準備一支比布料寬的方格尺，有助於準確地畫線。「方格尺50cm」／CLOVER

b 頂針器
可以將針頂在上面、協助運針的輔助工具。有各式各樣的形式，可依個人喜好挑選。

c 穿線器（THREADER）
協助穿線的工具。刺子繡專用繡線較粗不容易穿線，可以使用這個工具來輔助。「菱形穿線切線器」／CLOVER

d · e 剪刀
可以準備裁布專用剪刀、線剪等等，配合不同用途使用不同剪刀，都能使製作更順利。

f · g 布用記號筆
在布料上畫標示線時使用。 f「Styla 水消筆」可以畫出滑順的細線，不容易自然消失／Sewline g「水溶性粉土筆」適合用於想在深色布料上做記號時／CLOVER

h 刺子繡針
刺子繡專用的刺繡針，針孔較大，針頭細尖。有很多種類，可以挑選自己使用順手的長度。（左）「刺子繡專用針組 Assort 短版」，內有一組不同長度的繡針。（右）「刺子繡專用針組 Big Eye Straight 細版」。繡針較長，運針滑順，非常適合製作一目刺。兩種皆有紙盒包裝／Tulip

i 手縫針 · j 珠針
製作時需要手縫修飾或進行假縫時使用。

k 假縫線
手巾的縫份需進行假縫，或是製作小物件時，可以固定布料防止錯位。

頂針器的用法

比起一針一針刺繡相比，一次同時繡數個針目的方式，能讓針目更有一致性。習慣運針之後，可以用頂針器來輔助運行。

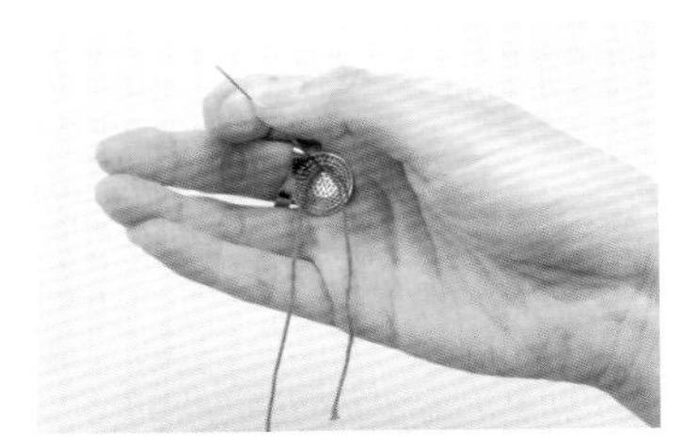

將頂針器穿戴在慣用手的中指上，以拇指及食指拿針，將針孔端抵住頂針器。

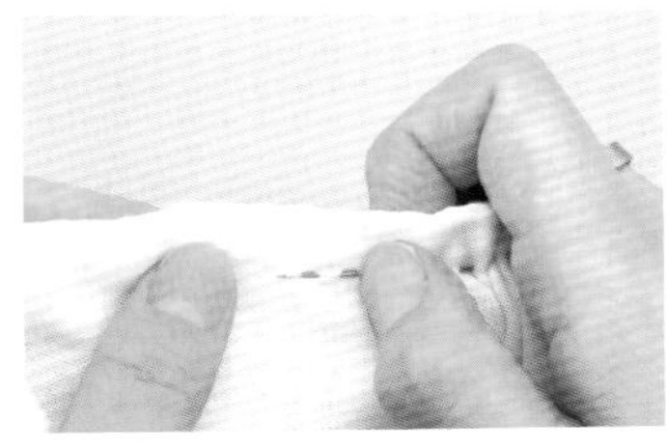

以拇指和食指拿針上下擺動，藉由頂針器推進刺繡。

線的準備

刺子繡專用的繡線，一般以捆成束狀，又稱為「絞紗」的狀態做販售。
使用前要先將繡線束鬆開整理一下，就能方便剪裁需要的長度。

刺子繡線的準備方式

1

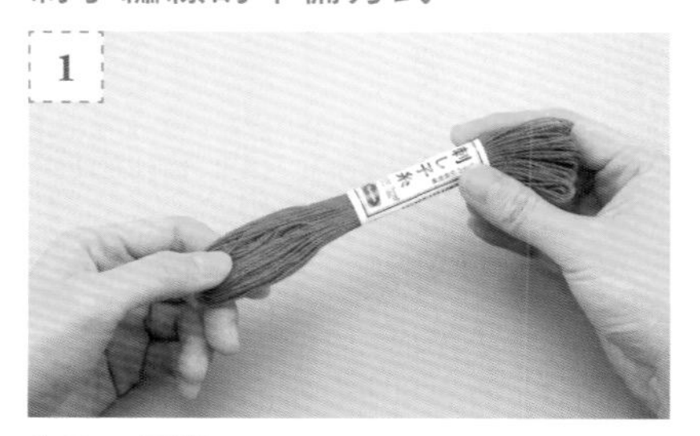

先取下標籤。

2

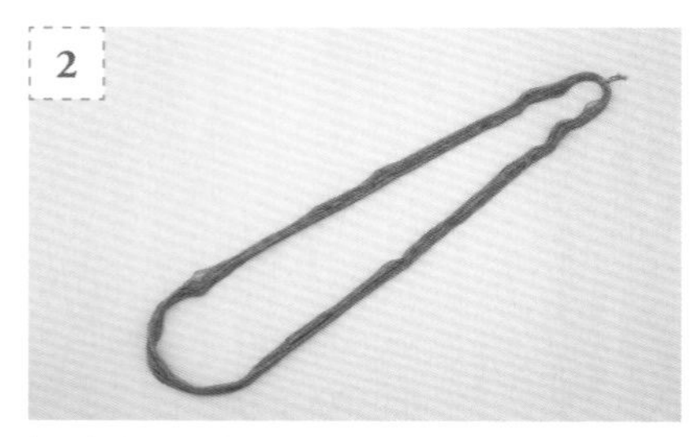

把繡線整個鬆開形成圈狀。

3

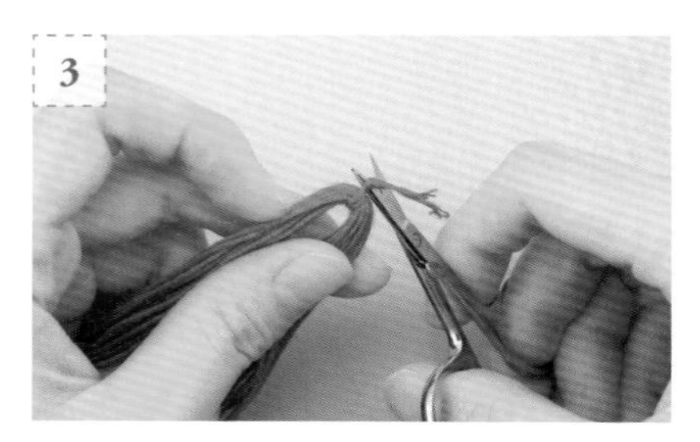

將用於固定繡線的打結處剪開。

4

用線在指尖先纏繞數圈。

5

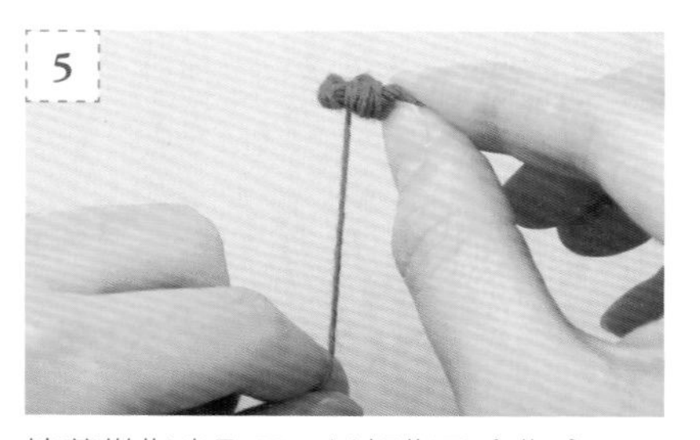

接著從指尖取下，以拇指及食指拿取，在線卷的中央處繼續纏繞。

6

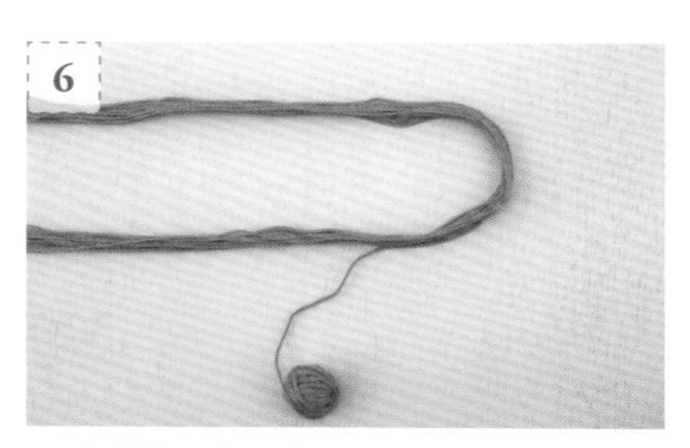

不時改變角度，直到將線捲成球狀。

7

繡線都捲好的狀態。線的尾端若有分叉，可以適度做修剪。

8

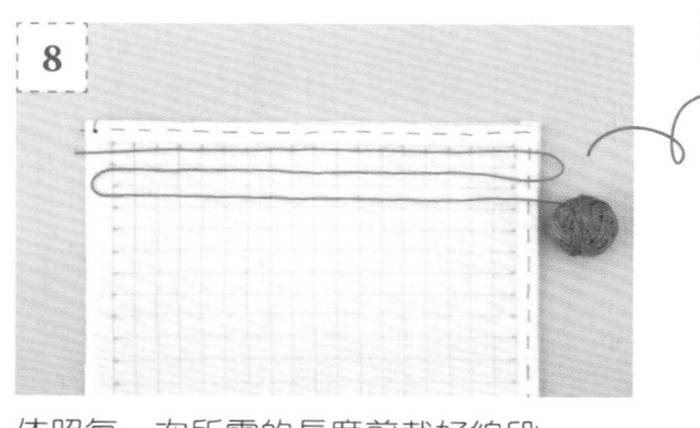

依照每一次所需的長度剪裁好線段。

這裡很重要！

刺子繡做一目刺時，進行途中會發生難以接線的情況，因此要先配合想繡的圖樣，測量估算每次所需的繡線長度後，事先剪裁好。若是製作手巾，可以將線沿著布寬往返放置 2~3 趟後再加 10~15cm 就會是合適的長度。線剪得太長也容易散開或糾結，可以等到熟悉之後再剪長一點。

穿線的方式

1

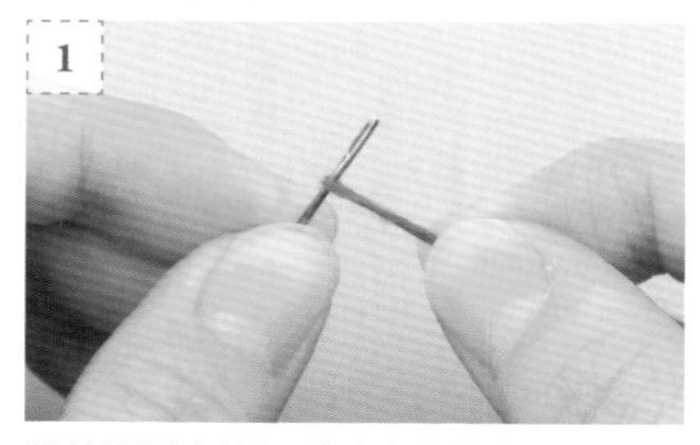

將線頭掛在靠近針孔處後對折，並用手指按壓一下做出摺痕。

2

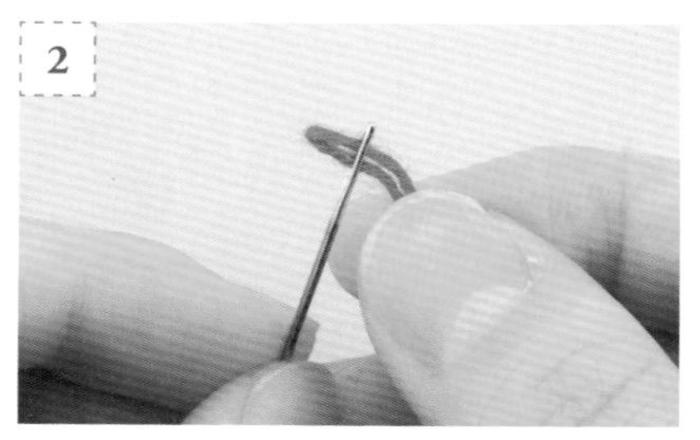

把針抽出後，再用手指推動線的對折處穿過針孔。若線太粗不好穿過時，可以使用穿線器輔助。

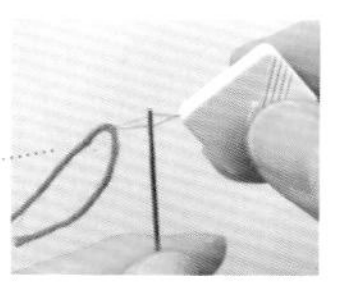

3

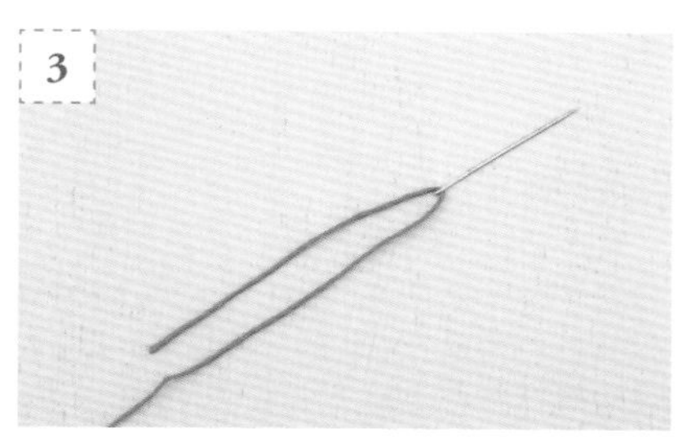

線穿好後，一側拉出 10~15cm 即可。

繡線的收尾方式

縫合布邊與製作有裡布的小物時，為了避免脫線，刺繡前和繡完後要做「線尾打結」及「固定打結」。結的大小與繞圈的次數相關，可以用其來調節。

線尾打結

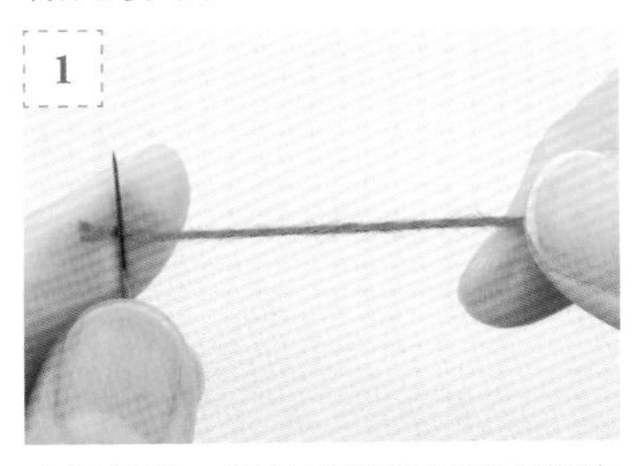

穿好線後，用針頭將線尾壓在指腹上。

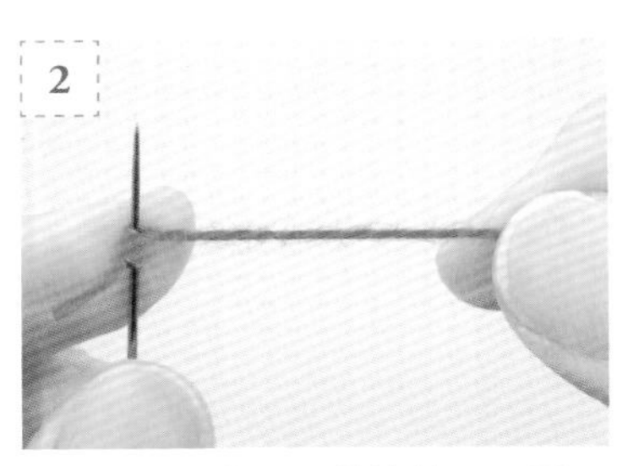

以這樣的狀態，用線繞針 1~2 圈。

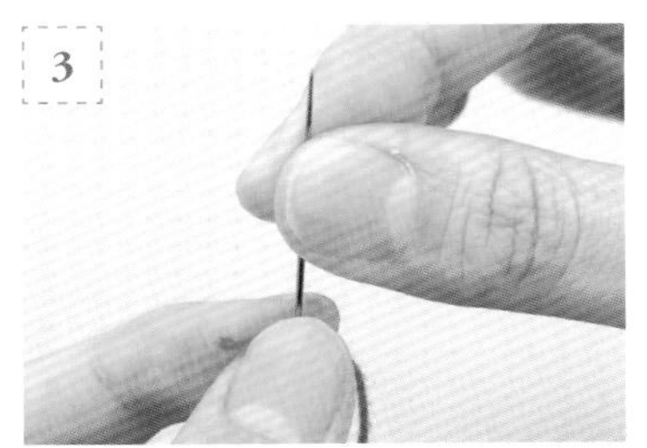

捲好後用手指捏住，接著將針抽出來。注意別讓線圈鬆開。

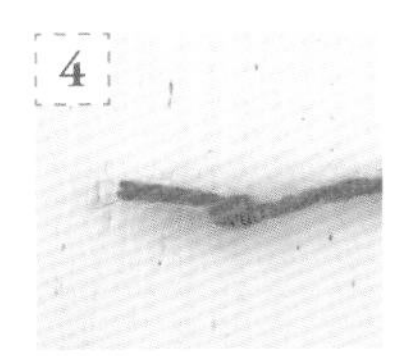

一直將線拉到最後，線尾的結便打好了。再修剪線頭至貼近打結處。

固定打結

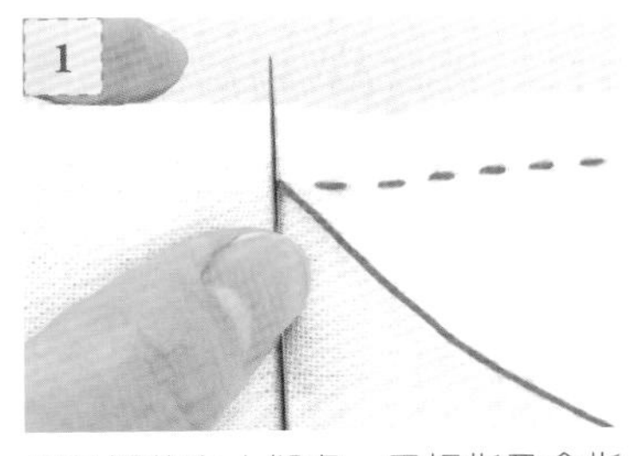

將針擺放在止縫處，用拇指及食指固定。

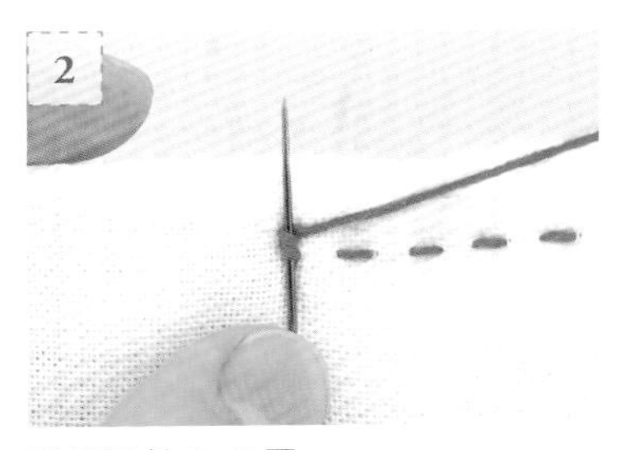

用線繞針 1~2 圈。

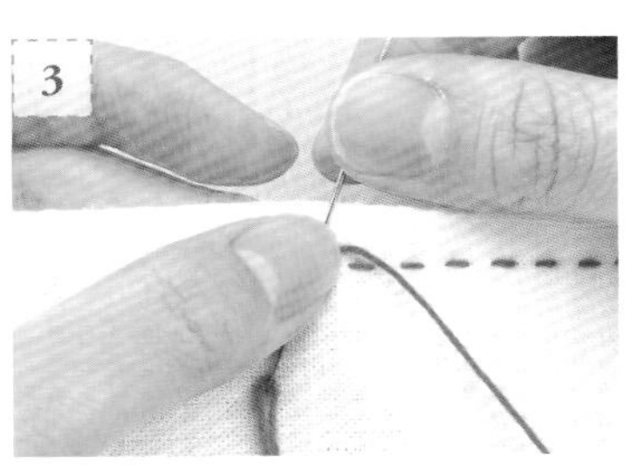

以左手捏住繞線處別讓線圈鬆開，然後再將針抽出。

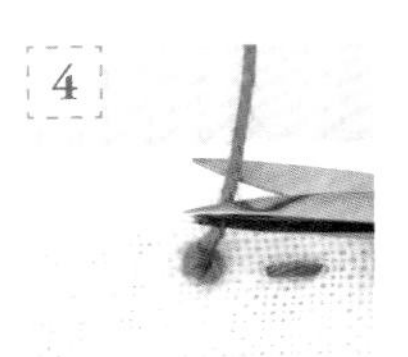

一直將線拉到最後，固定的結便打好了。再修剪線頭至貼近打結處。

漂亮刺繡的訣竅

刺繡的過程中，線可能會糾結或綻線散開。如果放著不管繼續繡，可能會讓針目不平均，因而無法做出漂亮的成品。最好隨時確認繡線的狀態，整理好之後再繼續繡。

若線糾結在一起……

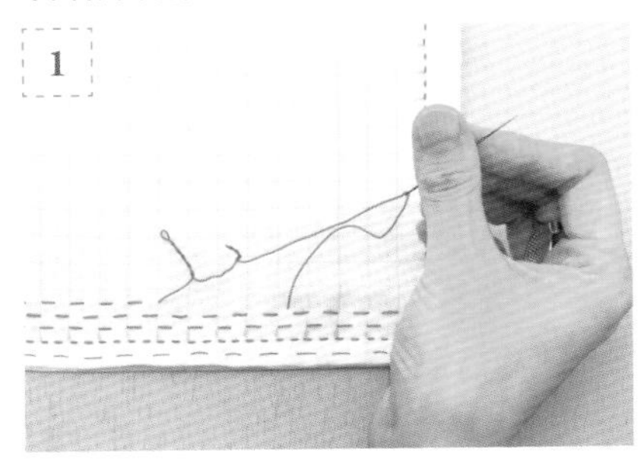

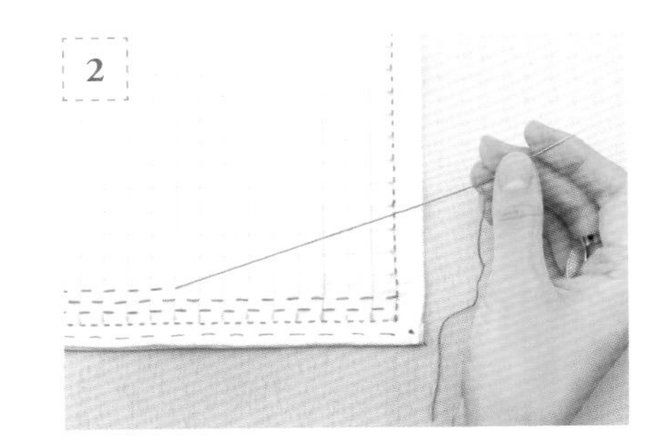

當繡線扭曲糾結在一起時，將針往線扭轉的反方向旋轉，線便會漸漸恢復原本的狀態。

若線綻開……

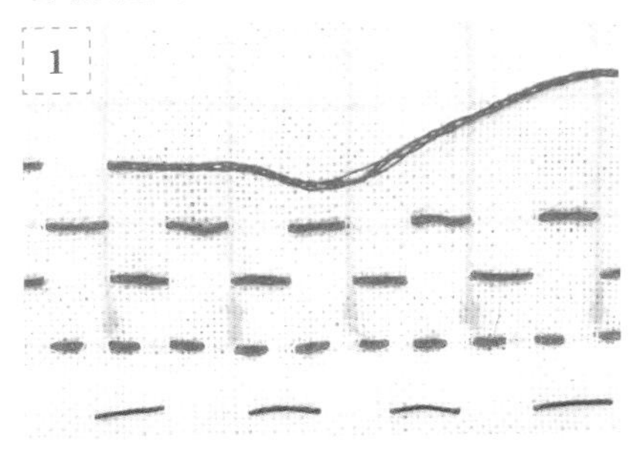

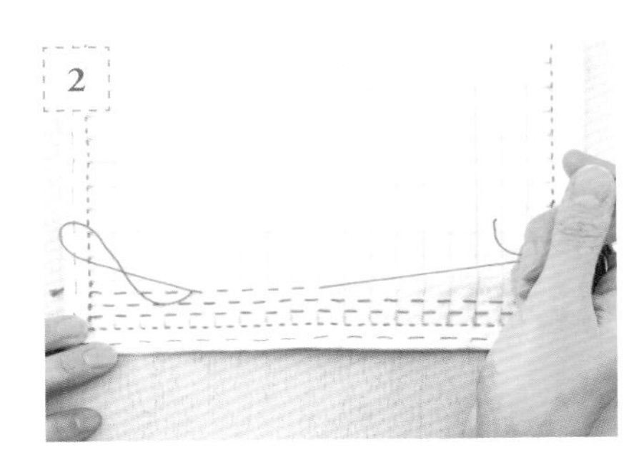

當繡線綻開，線都分散開來時，一邊將針往繡線絞紗的同方向旋轉，一邊抽針引線。

Lesson1

階梯紋樣的布巾（p.12）

一目刺的基本作法是順著標示線，依縱向、橫向、斜向順序，繡同樣長度的針目。一開始先來做一條階梯紋樣的布巾，熟悉一目刺的訣竅吧。

本書記載的圖樣皆以0.5cm方格為基準，但是要在布上準確畫出0.5cm的方格有點困難。因此下方會介紹1cm方格標示線的作法。剛開始初學者可能會覺得有點難，不過熟悉作法後便能繡出漂亮的紋樣，事前準備也會變得很輕鬆。

另外，製作布巾時，不需要做線尾打結和固定打結，成品會比較漂亮。如何收線及接線的方式，在本單元中都可以確實掌握到訣竅喔。

Memo

- 依喜好的尺寸剪裁好漂白棉布，折出縫份後先做假縫。
- 在布上畫出1cm寬的方格標示線。
- 一目刺的針目較大，不方便在中途接線，須事先測量預估的線長，讓繡線繡完時剛好在側邊。迷你布巾的話，則以往返2~3次的長度為佳。
- 起始及結尾的繡線都要留長一些，完成後再剪短線頭。

完成尺寸：縱21cm x 橫20cm

紋樣請見p.58

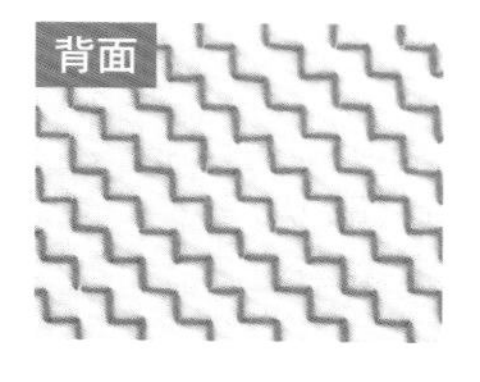

＊這裡介紹的作法，是用33cm寬版本的漂白棉布製作迷你布巾。若想要製作自己喜歡的布巾尺寸，可以參考p.53。

1 裁布、假縫固定

1

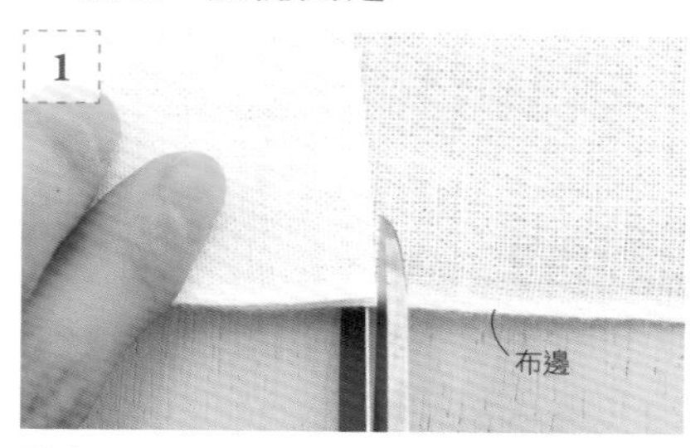

棉布的布目會有些許歪斜，要先抽出橫線整理好布料。以要製作布巾的縱長 x2＋縫份 2cm（這裡算 44cm），稍微多留一點的地方將棉布對折，在布邊剪一個小切口。

2

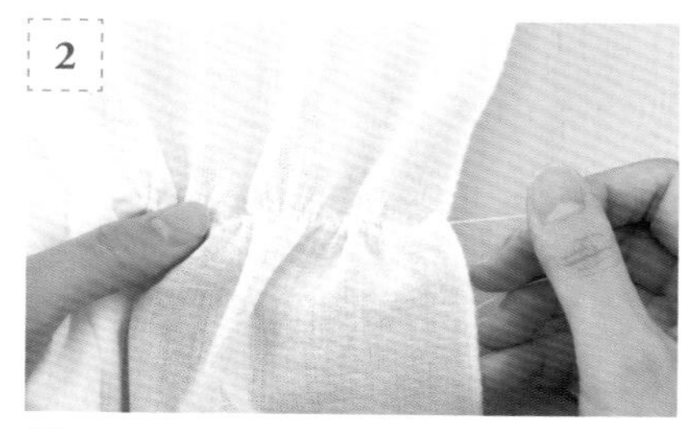

從切口處抽出一條橫向線，將皺縮的布慢慢往左邊拉移，再將線慢慢抽出。中途如果線斷了，殘留的線也要抽出，直到整條線抽掉。

3

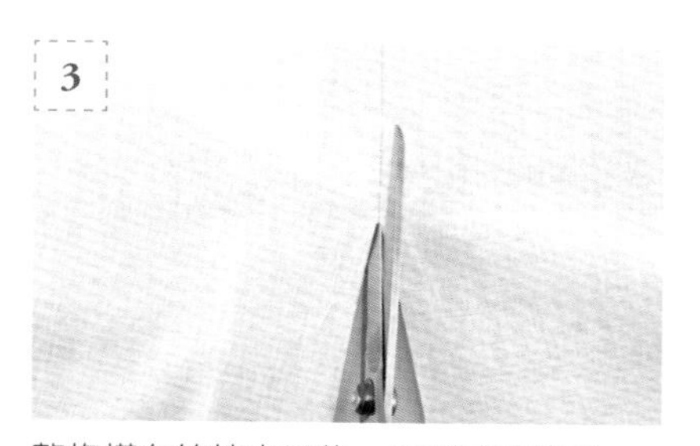

整條橫向線抽出以後，沿著痕跡剪裁。

4

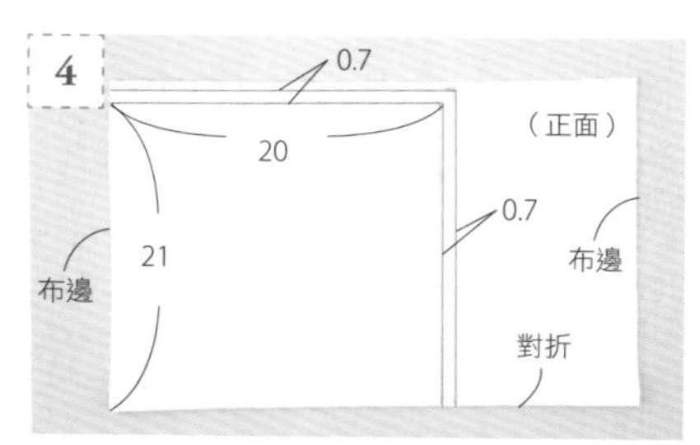

用蒸氣熨斗將布料燙整齊。縱向對折使布邊對齊，從對折處起算 21cm、布邊起算 20cm 的位置畫線，再往外 0.7cm 處畫縫份線（一側的布邊不用預留縫份）。

5

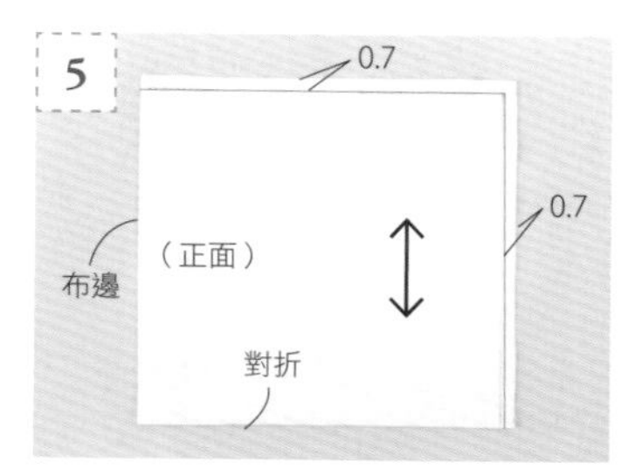

沿著外圍的縫份線剪裁。

6

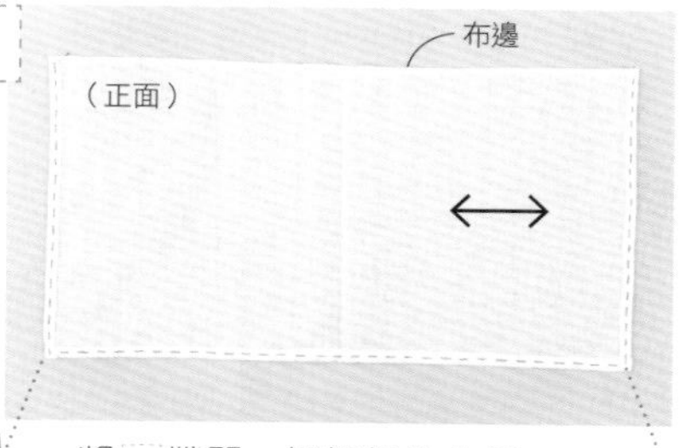

這裡很重要！

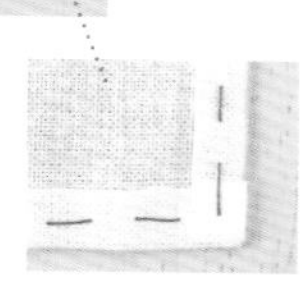

將 5 攤開，把縫份往內折，用熨斗壓邊做出記號後，進行假縫。邊角部分的縫份要如照片中一樣相互交疊。

2 畫出標示線

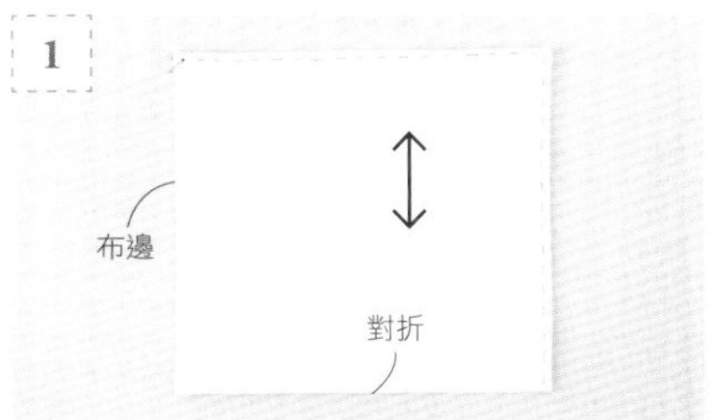

再次對折，整理一下形狀。

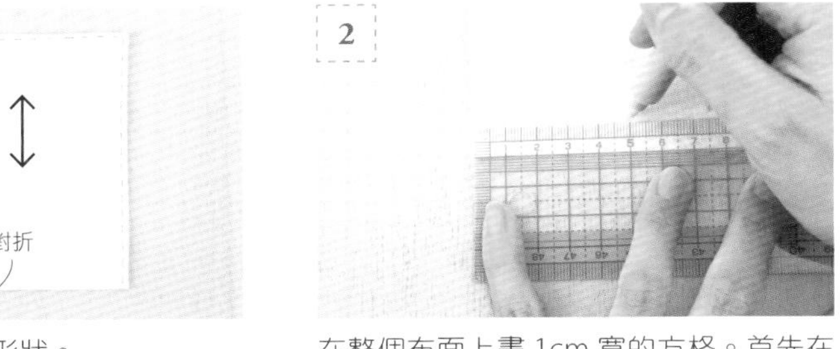

在整個布面上畫 1cm 寬的方格。首先在距離左右兩側布邊 1cm 處畫出一列點狀。接著依照尺上的刻度畫點，便能畫出準確的直線。

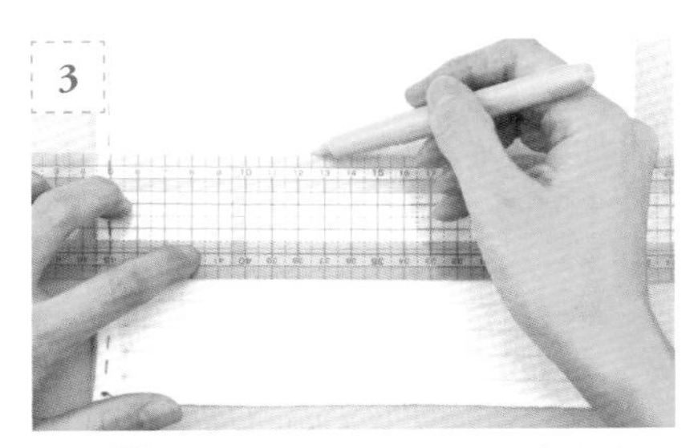

連接 2 的點畫出橫線。下筆若畫得太用力會使布撐開，要特別注意。

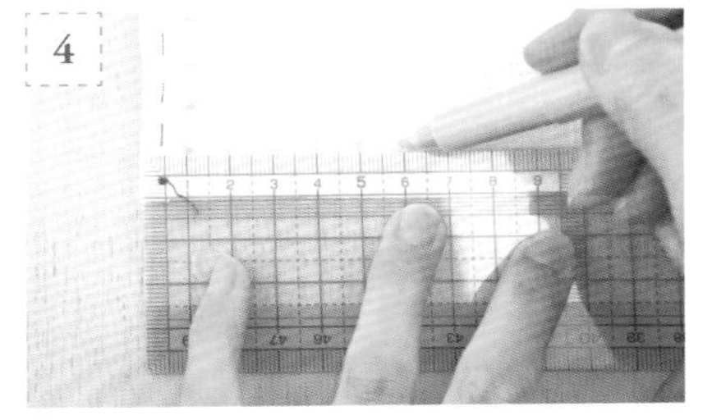

按照同樣方式，也在上下兩側布邊 1cm 處畫點。

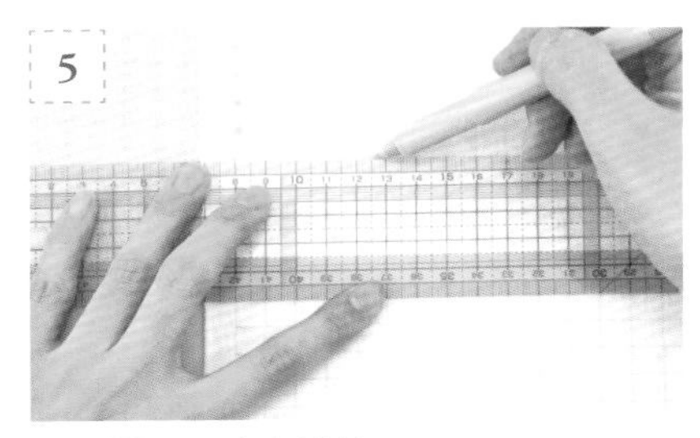

連接 4 的點畫出縱線。

所有方格線都畫好的狀態。這一面是正面，周圍用珠針固定。

3 繡外框線

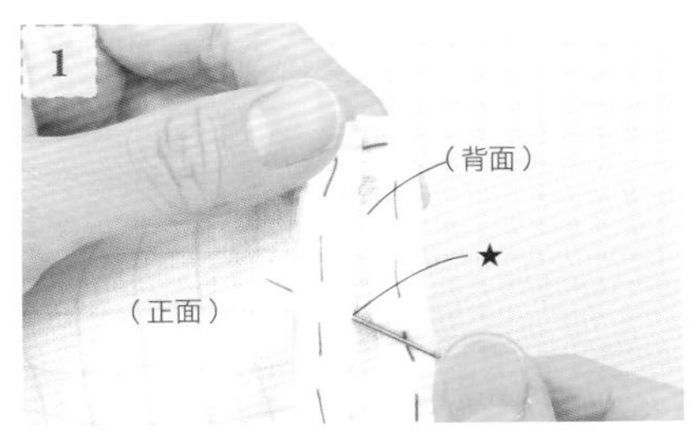

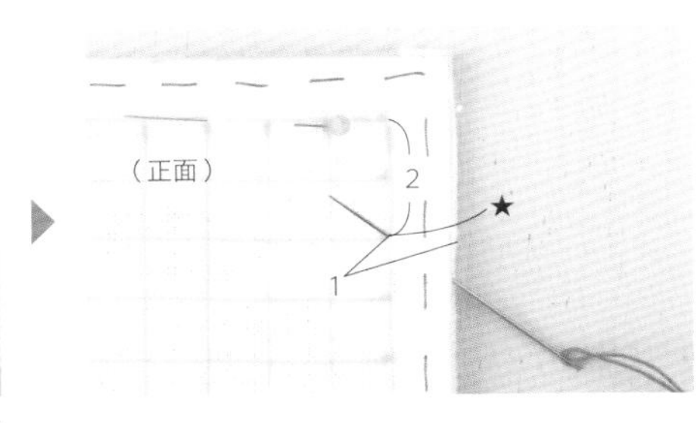

剪裁一條 150~160cm 的繡線。針往兩片布的中間入針，從「★」處由正面出針。

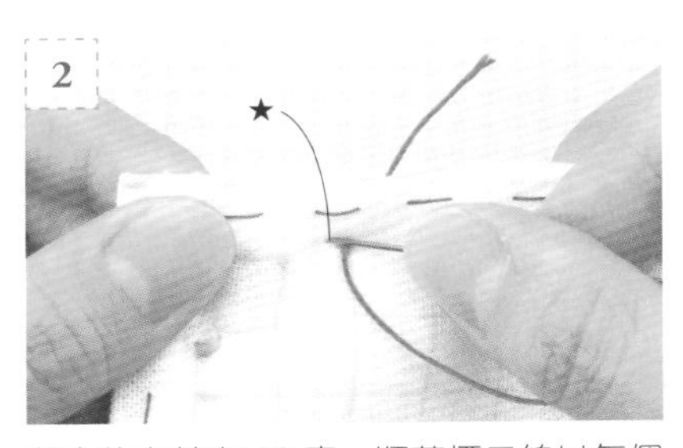

將布往左轉向 90 度，順著標示線以每個針目 0.25cm 繡出外框。入針的線頭要預留 3cm。

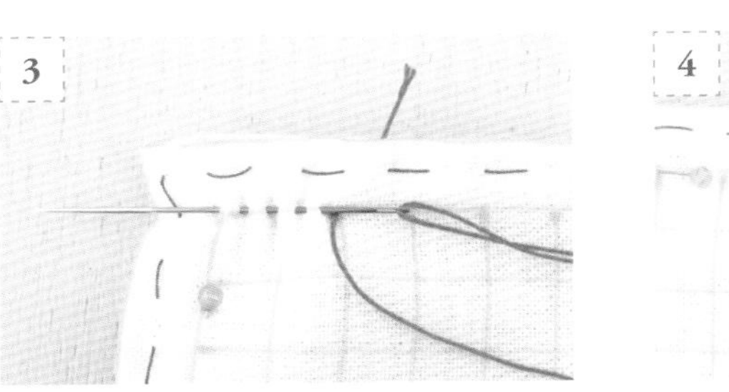

接著一口氣運針戳刺數個針目，直接繡到左側的邊角處後再慢慢抽線。

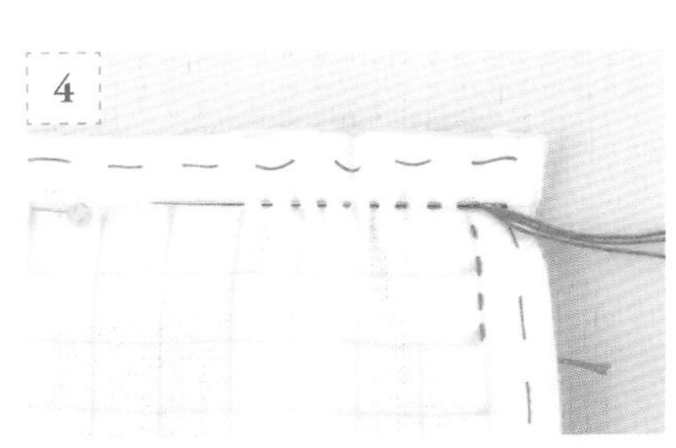

繡線到達邊角處後再轉方向，繼續以同樣方式繡。盡量一次繡多個針目，看起來會比較均勻，或是以自己容易繡的針目數繼續繡也無妨。

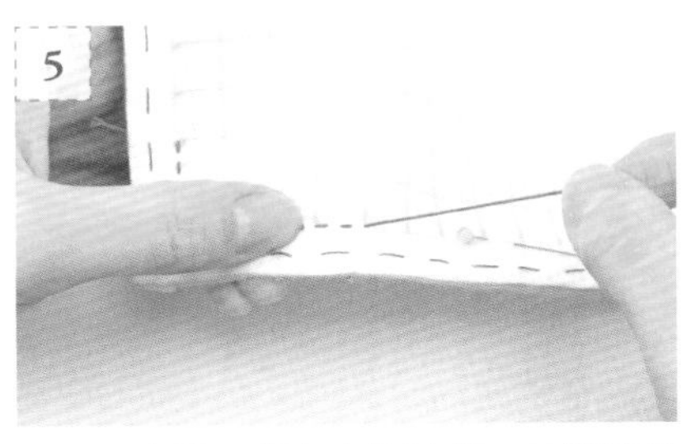

可以一次繡四格左右再抽線。抽線時若拉得太用力，邊角處也會被拉歪，可以用左手壓住針目再慢慢抽線。

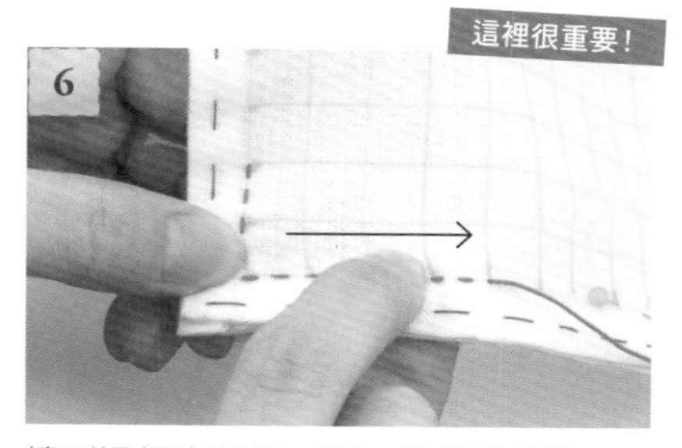

繡到這裡先暫停一下，進行「整線」。用手指往接下來要繡的方向，將線順直，使其與布巾貼合。

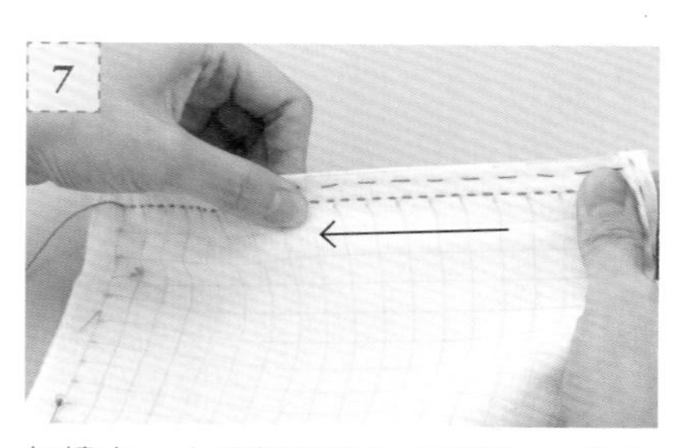

每繡完一小段都要進行「整線」。這個步驟可以避免繡線鬆脫或綻線，也能減少繡線緊縮的情況發生。

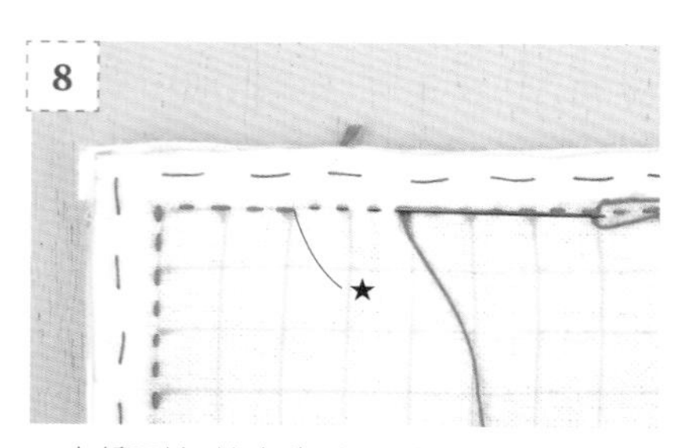

一直繡到起始處為止形成一周，繡好外框線。

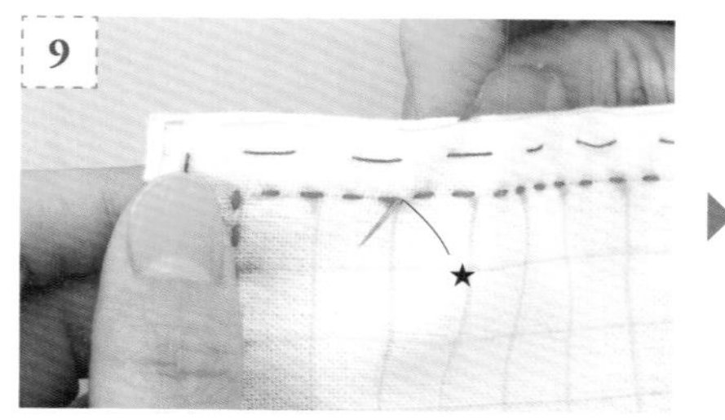

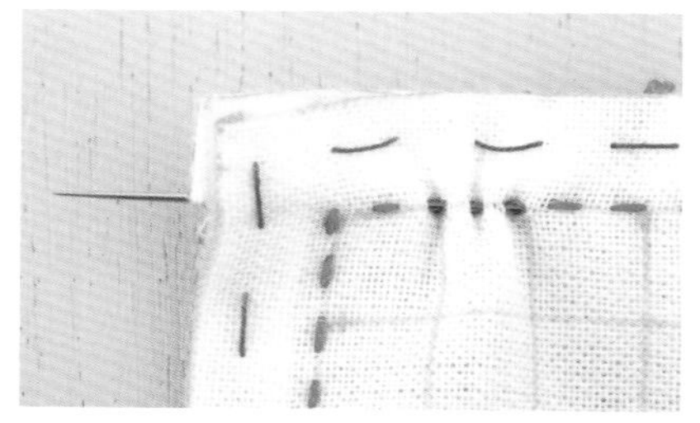

繡到起始處後，同樣再從出針時的第一個針目位置穿出，然後重複繡前 3 個針目。

4 繡橫線

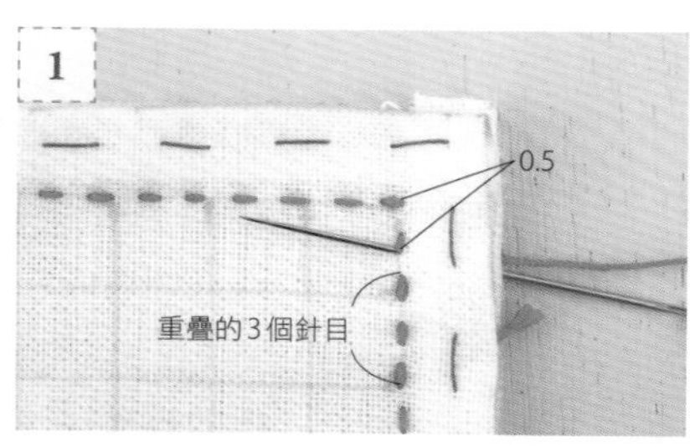

接下來繡橫線。將布巾往右旋轉 90 度，從右上角下方 0.5cm 處出針。

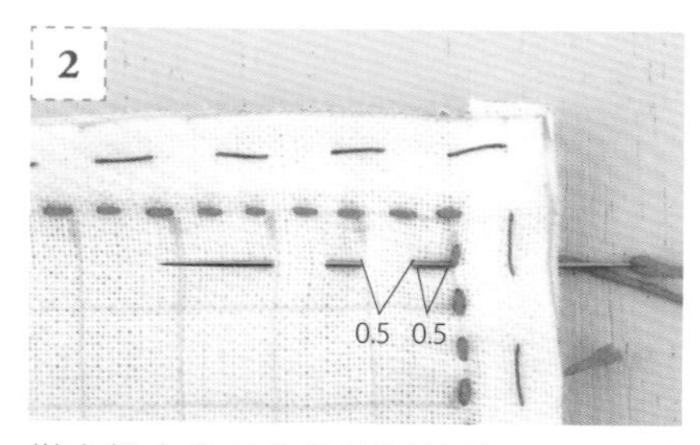

從方格中央處出針剛好就是 0.5cm，讓每個針目維持 0.5cm 長度橫向繡下去。正面與背面的針目都要以同樣長度繡。

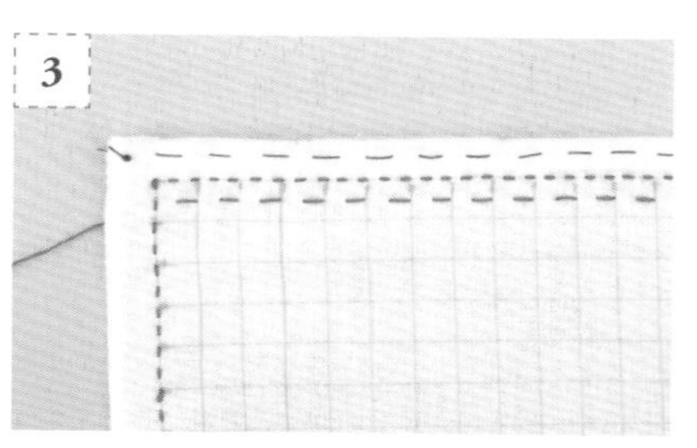

橫向第一列繡到最後一針時的模樣。

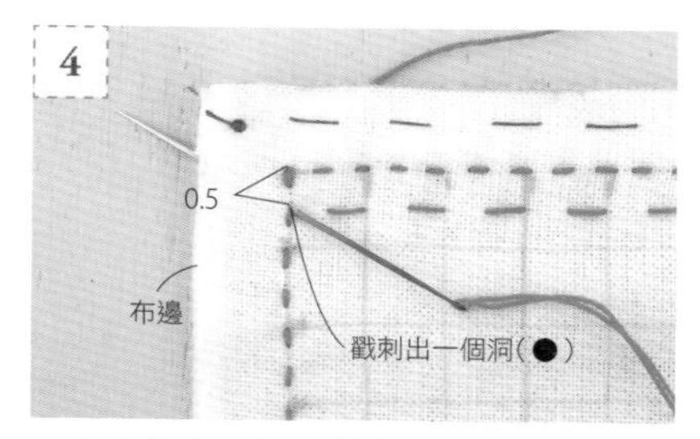

在要收針的位置（橫線與外框線的交叉點），由正面先入針戳刺出一個洞（●）做記號。

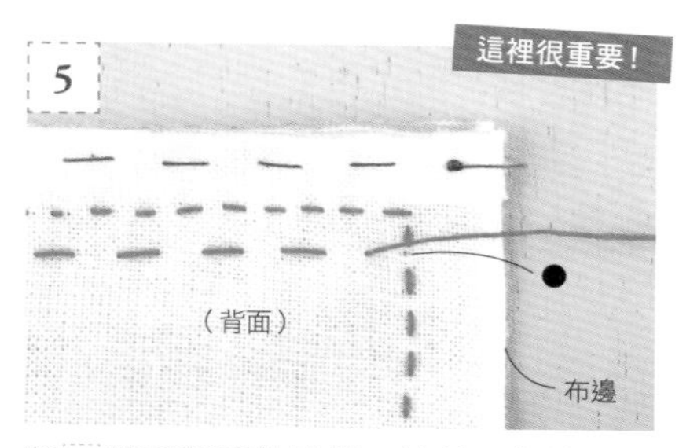

將 4 翻到背面的模樣。接著要繼續繡下一列，不過如果直接往下繡的話，背面會出現斜向的縫線，因此這裡要從背面往記號處（●）入針後，再讓針從兩片布之間穿出。

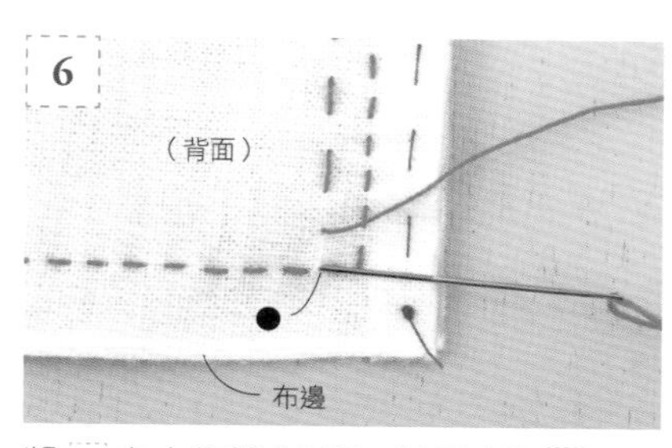

將 5 向右旋轉 90 度，針從步驟 4 的記號處入針，並只挑起背面的一片布。

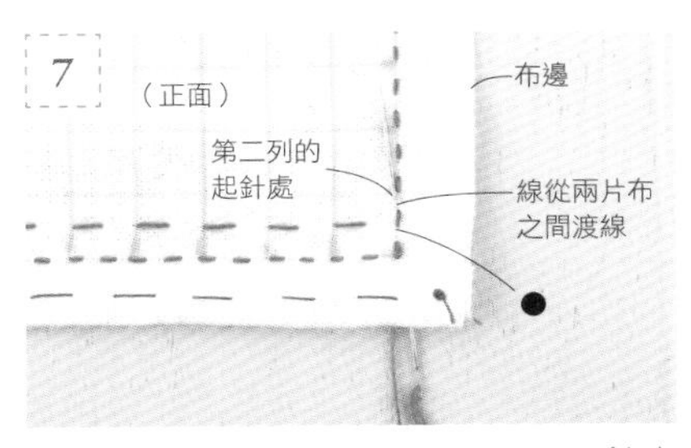

再次翻回正面，將布邊置於右側。針尖稍微左右擺動，讓針穿入兩片布之間，再從第二列的起針處出針。

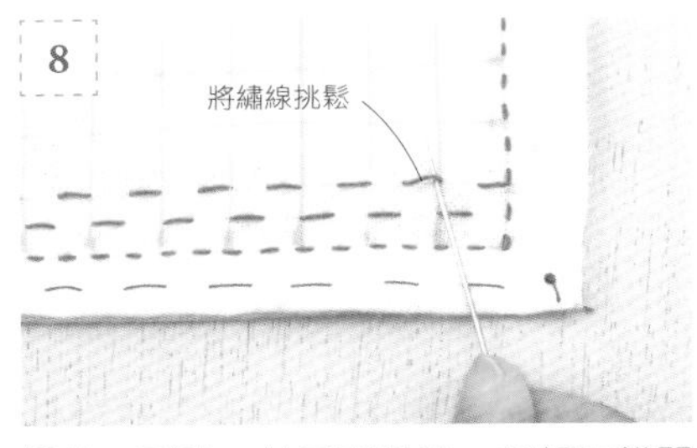

繡第二列時，針目要與第一列相互錯開排列。靠近邊緣的針目可以稍微挑鬆，整線時，布巾會比較不容易起皺摺。

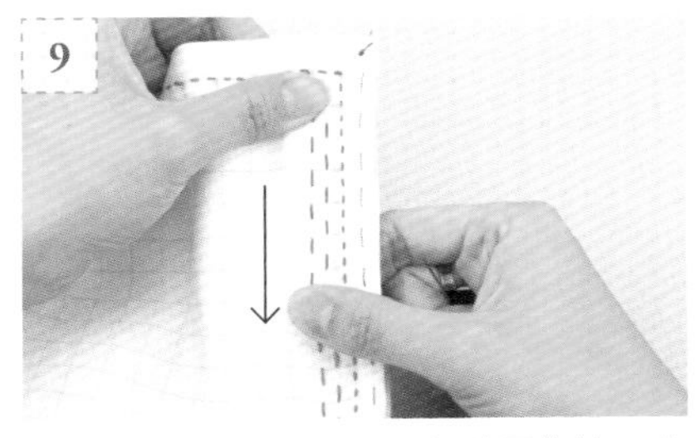

繡完一列後要做整線。左手壓住線，右手往繡的方向順線，使線平整。每繡完一列就做一次整線，再繼續繡橫線。

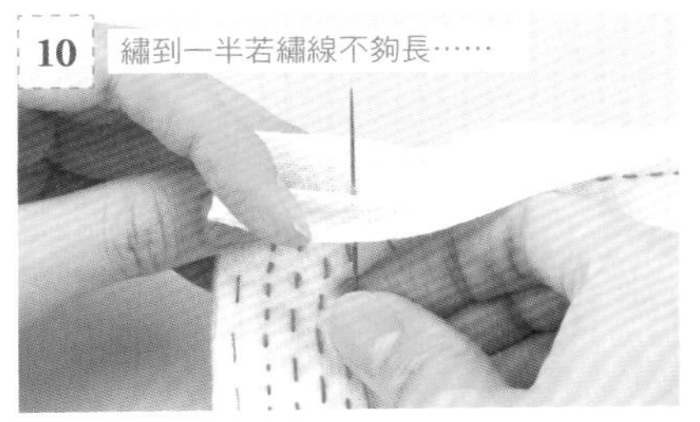

橫線若繡到一半繡線不夠長時，要在布邊側接線。繡到側邊時，讓針從兩片布之間穿出。

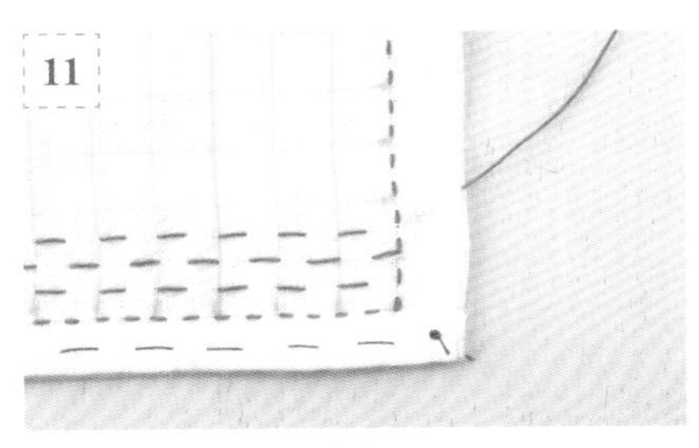

線頭留下 5cm 後剪線。

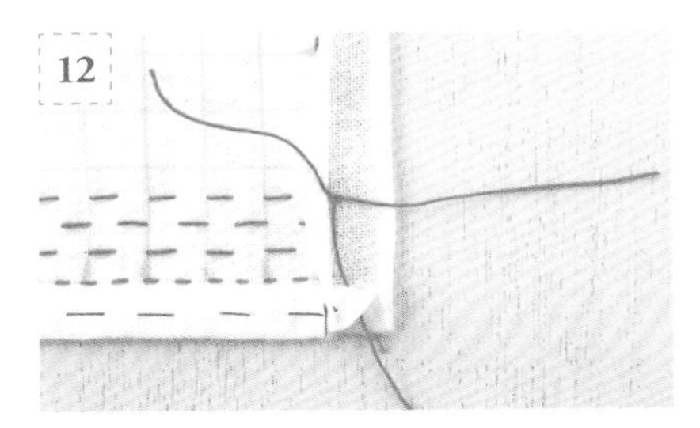

準備一條新的繡線，在兩片布之間打接線結。

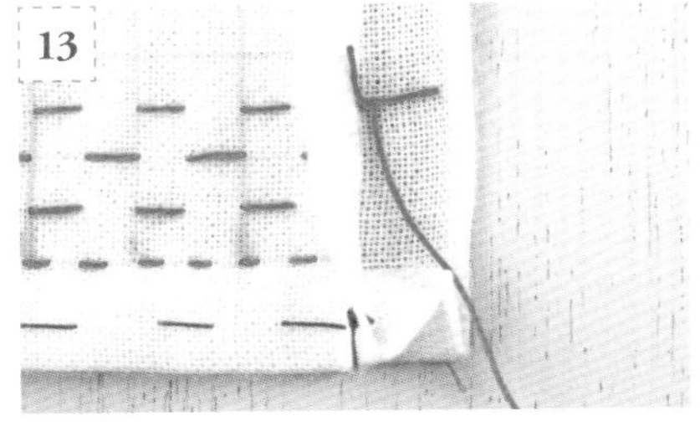

線頭留下約 1cm（不要露出布邊外的長度）後剪線。

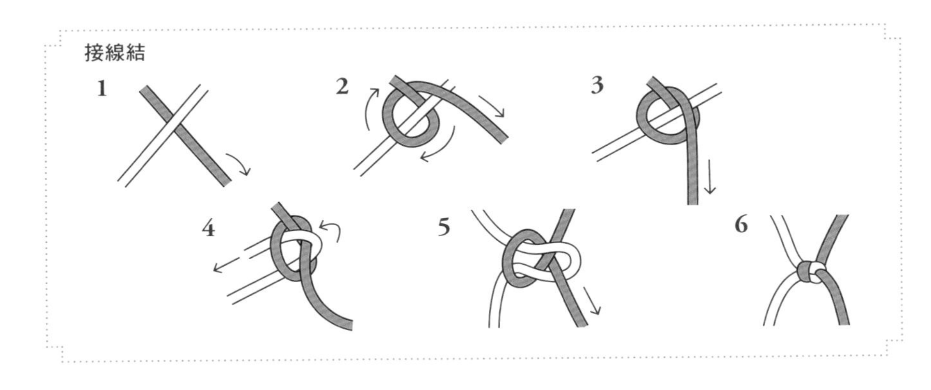

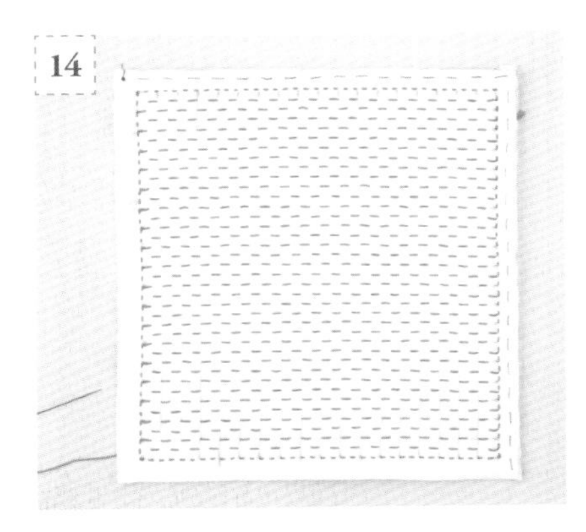

所有橫線繡完的模樣。

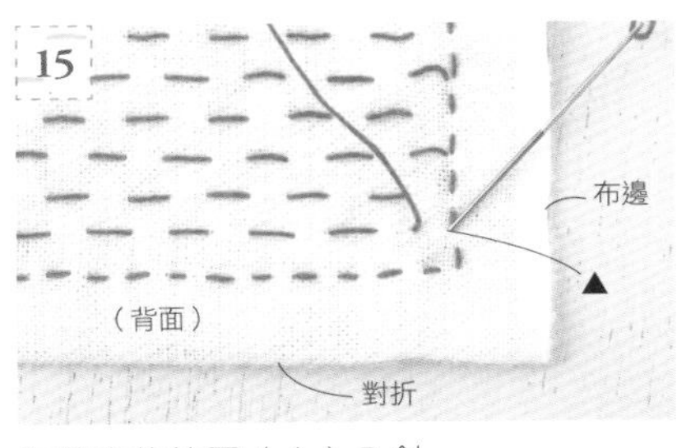

在繡完的位置（▲）入針。

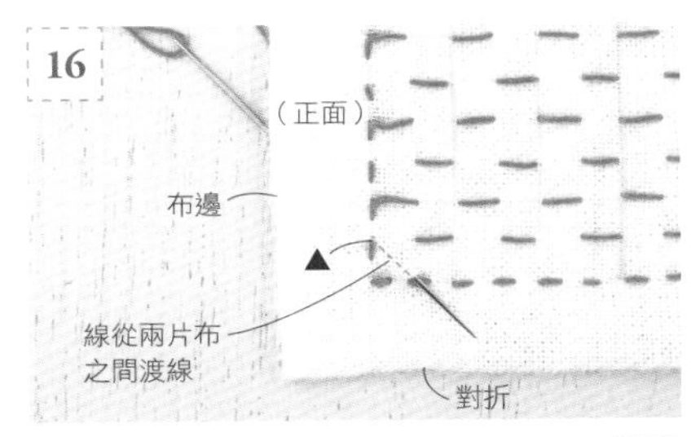

翻回正面，將針穿入兩片布之間，從縱向線的起始處出針。

5 繡縱線　（※為了清楚說明，這裡以不同顏色來繡縱向線。實際進行刺子繡時，請使用與橫線相同顏色的繡線。）

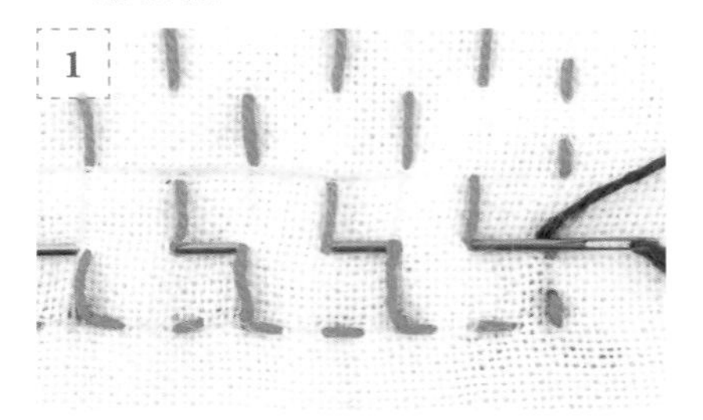

將 p.51 的 4-16 往右旋轉 90 度，開始繡縱向線。刺繡時若穿入與橫線相同的孔會使繡線斷裂，這時有個小訣竅，只要改從該孔的旁邊入針即可。

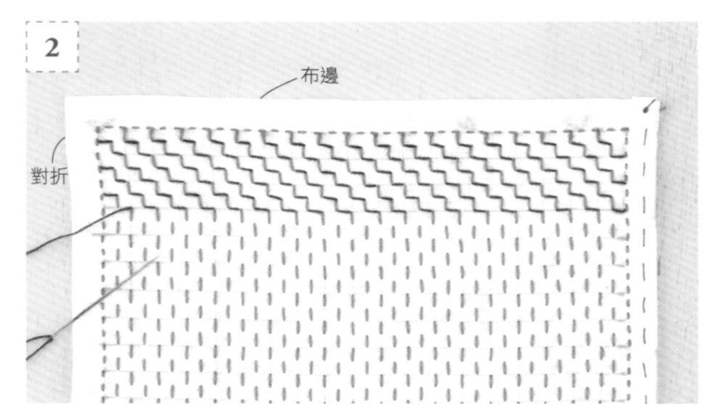

繡到第六列時的模樣。每一列相互錯開排列刺繡，就會呈現階梯紋樣。記得要事先測量好繡線的長度，盡量讓接線處置於縫份側會比較好看。

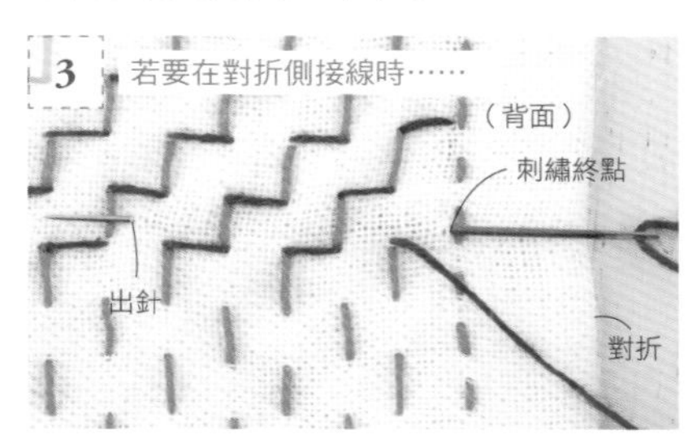

繡到對折側繡線不足時，將針從該列的刺繡終點位置入針，穿入兩片布之間從返回的 3~4cm 處出針。

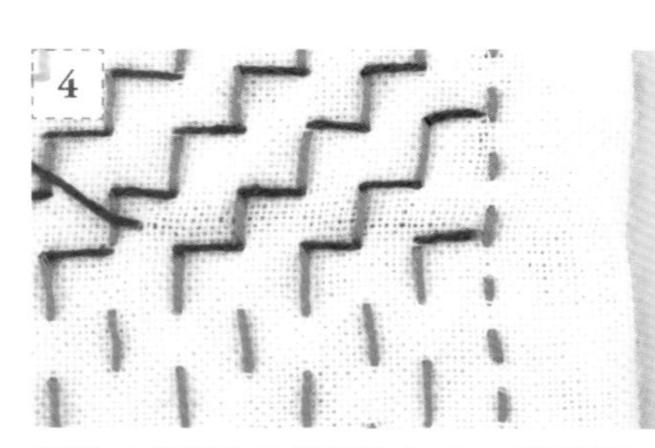

慢慢拉線將針目整理均勻後，線頭留下 2~3cm 後剪線。

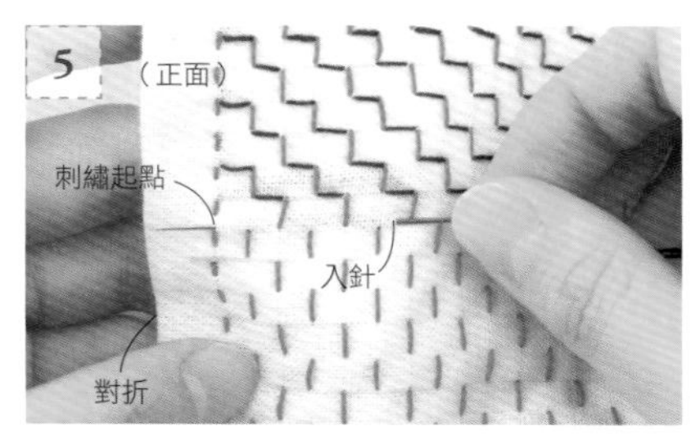

針穿好新的繡線後，從距離下一列的起始處 3~4cm 的位置入針。讓針穿入兩片布之間，從起始位置出針。

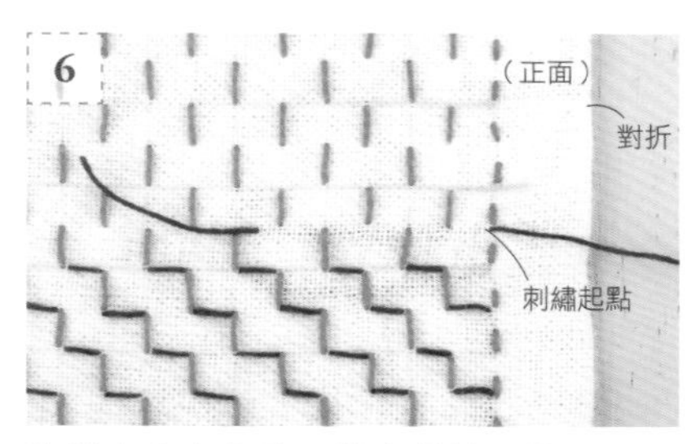

改變布巾方向後，拉出繡線。線頭預留 2~3cm。

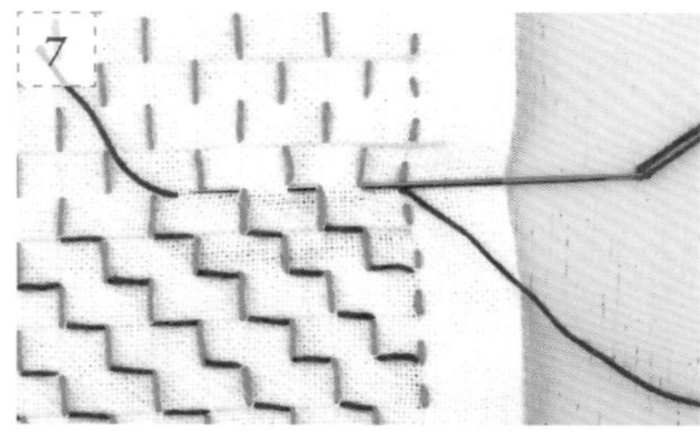

依照紋樣繼續刺繡。若使用刺子繡專用繡線，布巾下過幾次水以後，繡線會與布巾融合，不用擔心繡線鬆脫。

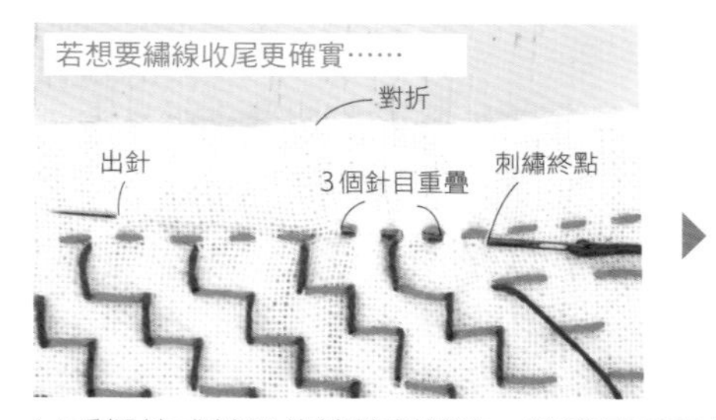

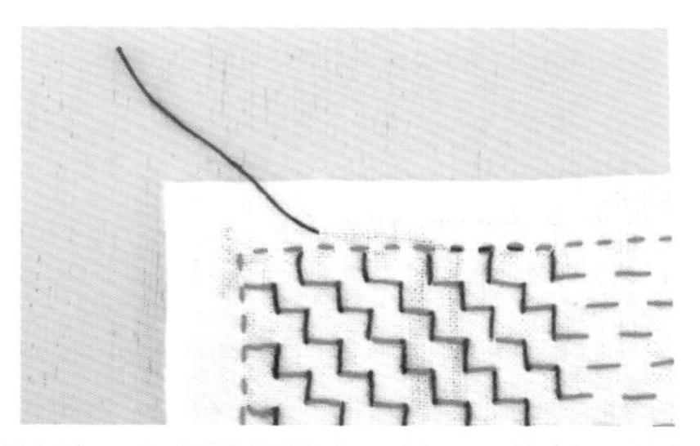

以手縫線或較細的繡線刺繡時，建議使用這個方法。在刺繡終點處入針，只挑針一片布，讓針穿入兩片布之間，重複繡外框上的 3 個針目。然後再一次讓針穿入兩片布之間，在 3~4cm 外的地方出針。線頭留下 2~3cm 後剪線。若穿新的繡線，從距離外框針目的 3~4cm 處入針，針穿入兩片布之間，避開剛剛重複繡的 3 個針目，再次重複繡外框上的 3 個針目後，開始繡紋樣。

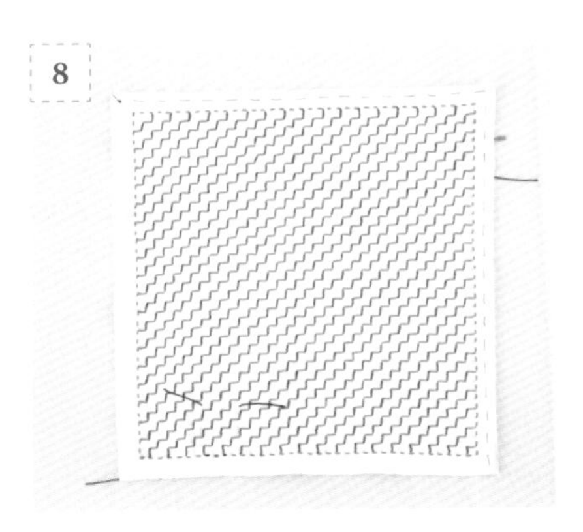

縱向線全部繡完的模樣。刺繡終點的收尾方式請參照 p.52 下方，重複繡外框上的 3 個針目。接線處的線頭則先預留著。

將縫份鑲嵌疊合，接著以藏針縫（請參照 p.56）縫合。也可以使用縫紉機在側邊內的 0.2cm 處做車縫。

將整個布巾過水去除標示線。晾乾以後用熨斗整燙。接線處殘留的線頭，請一邊輕拉，一邊於根部剪掉多餘的線。

漂白棉布的剪裁與製作方式

● 想善用漂白棉布的布邊製作正方形布巾時

兩側做2～3針的回針縫，收尾不打結，留1cm線頭剪線。

②縫合

1

③留0.7cm縫份其餘剪掉

★

布邊

布邊

（背面）

①正面朝內對折

對折

★＝布寬X2＋縫份2cm

● 想製作個人喜好的尺寸時

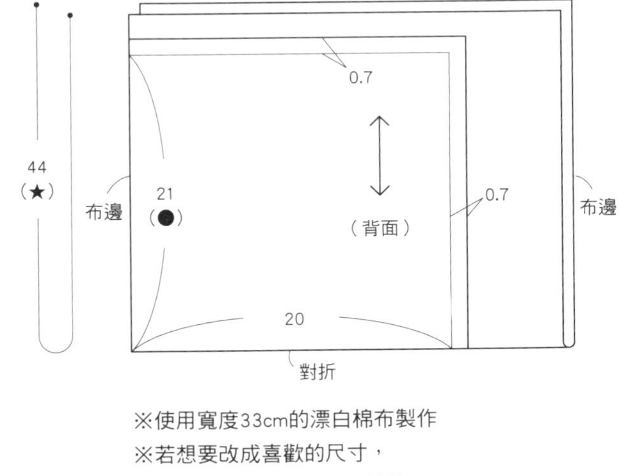

※使用寬度33cm的漂白棉布製作

※若想要改成喜歡的尺寸，

★＝縱長（●）X 2 ＋縫份2cm

※布巾的製作方法請參照p.48

Lesson2

十字花刺繡（p.26）的刺繡重點

「十字花刺繡」是一款由縱、橫、斜，四個方向的針目交織組合成的細緻可愛紋樣，相信大家都迫不及待想嘗試看看吧。
這裡介紹8 x 6cm的迷你尺寸，並附上刺繡順序，以及如何漂亮地修飾成品的訣竅。斜向針目在整線時，太用力拉整的話會造成布料伸長或使繡線浮凸，甚至造成布巾歪斜。因此，整線時請以指腹或手心往刺繡方向輕緩撫平。

Memo

- 布巾的製作方式，以及繡線的起始、收尾等方式，請參照p.48~53。
- 在布巾上描繪1cm寬的方格標示線。
- 若以手縫線刺繡，接完線打好接線結後，再打一個結可以讓繡線較不易鬆脫。
- 以橫向→縱向的順序刺繡，再以連接橫向、縱向針目般繡斜向針目。
- 繼續刺繡下一列時，針要穿入兩片布之間，別讓針目的連接處顯露於背面（請參照p.48~53）。

紋樣請見p.60

※為了清楚說明，不同方向針目會以不同顏色的繡線表示。實際刺繡時，請一邊繡一邊轉動布巾的方向，由右向左繡。

背面

1 繡橫向針目

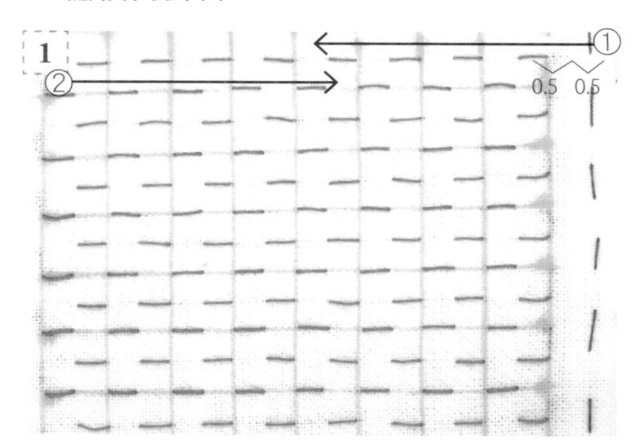

請參照 p.50 的 4，沿著標示線繡橫向針目，每一針目 0.5cm。正面與背面針目長度一致，每一列針目要相互錯開，將布巾所有的橫向針目都繡完。

2 繡縱向針目

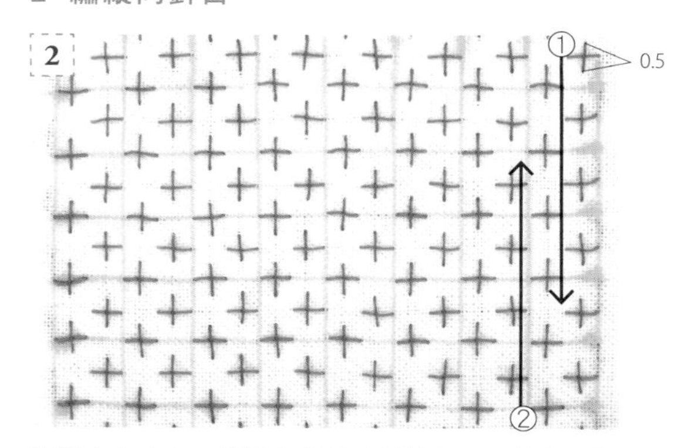

改變布巾方向，繡縱向針目（藍線）。同樣每一針目長度 0.5cm，縱向疊繡在 1 的針目上，使其呈現十字。

3 繡斜向（＼）針目

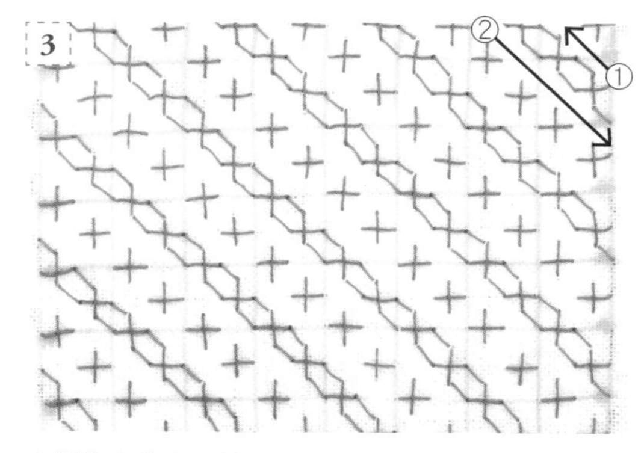

改變布巾方向，繡斜向（＼）針目（綠線）。像是要連接 2 的十字（＋）一般，由右向左繡。從十字尖端稍微旁邊一點的位置入針。每隔一列，以斜向針目將十字連接起來。

4 繡斜向（／）針目

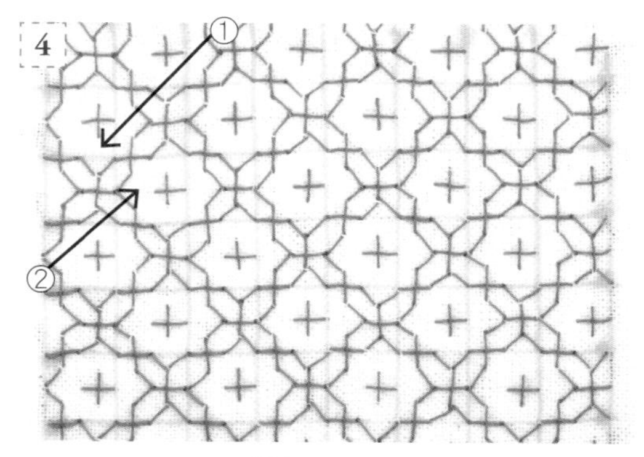

改變布巾方向，與 3 同樣方式，每隔一列繡斜向（／）針目（紫線），將十字連接起來。

Lesson3

花龜甲刺繡（p.30）的刺繡重點

繡線上下交互穿過縱向針目的曲折紋樣「花龜甲刺繡」，六角形中有一個小花模樣，因此而得名。製作重點在於不需一次繡完橫向針目，繡線穿完一排縱向針目後再繡下一列的橫向針目。如此能使繡線牢牢固定，成品也會更漂亮耐用。由於無法中途接線，請事先量好所需長度，讓起點、收尾、接線等留在布邊側。

Memo

- 布巾的製作方式，以及繡線的起始、收尾等方式，請參照p.48~53。
- 在布巾上描繪0.5cm寬的方格標示線。
- 先繡完所有縱向針目，接下來每繡完一列橫向針目，就讓繡線穿過縱向針目一次。
- 若以手縫線刺繡，接線完打好接線結後，再打一個結可以讓繡線較不易鬆脫。

紋樣請見p.62

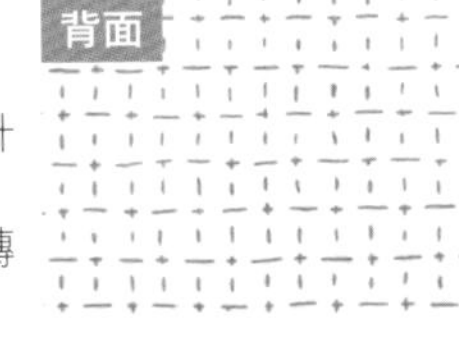

※為了清楚説明，不同方向針目會以不同顏色繡線表示。
實際刺繡時，請一邊繡一邊轉動布巾的方向，由右向左繡。

1 繡縱向針目

第1列「一格繡兩個短針目」，接著「跨越方格交叉點，繡一個長針目」，之後交替繡下去。第2列起每一列針目皆與前一列長短針目的順序錯開。

2 繡橫向針目

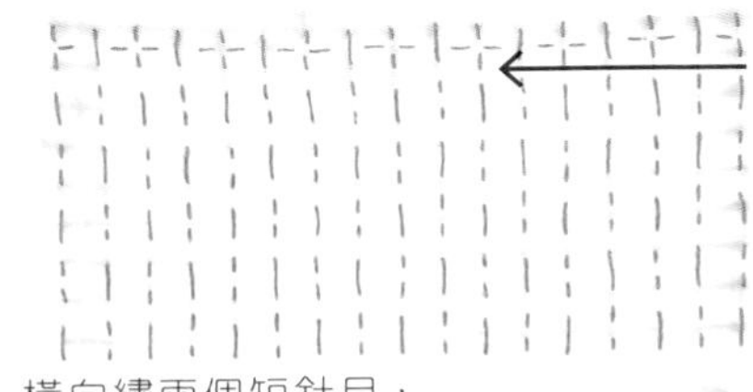

橫向繡兩個短針目，使其與縱向的短針目呈現十字狀。

3 讓線穿過縱向針目

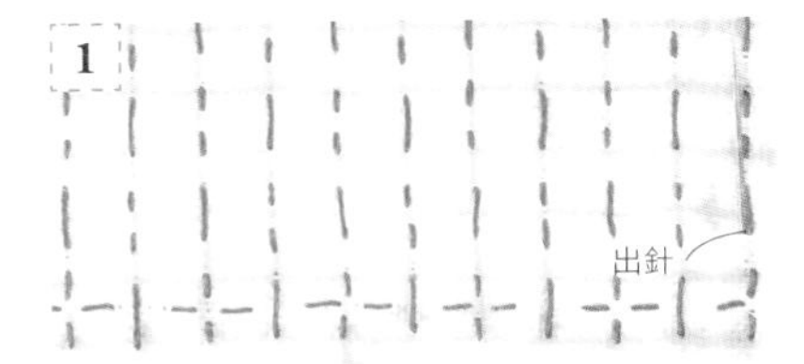

繡好一列橫向針目後將布巾180度旋轉，讓針通過兩片布之間，再將針從上面一列的長針目下側偏左的位置出針。

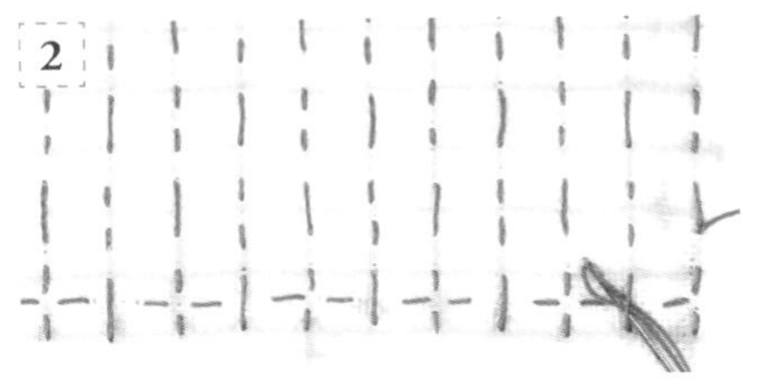

將線拉出，再讓線穿過左側列的長針目。此時是以針孔的那一端穿過長針目，不用擔心繡線斷裂，或是勾到布巾。

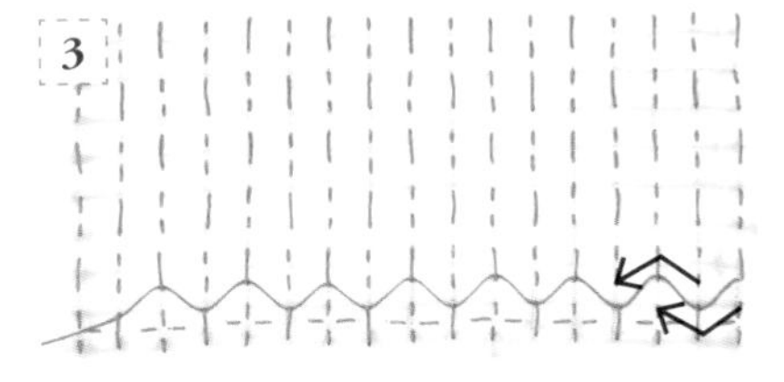

上下交替著穿過長針目，使渡線呈現曲折狀。這時要注意繡線不要拉太緊。

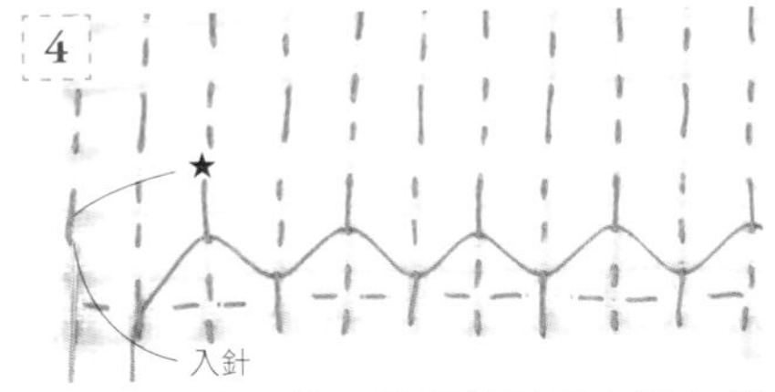

穿線直到盡頭後，從長針目下方偏右的位置入針，將針穿入兩片布之間，接著從下一列要開始繡的位置（★）背面出針。

4 再次繡橫向針目

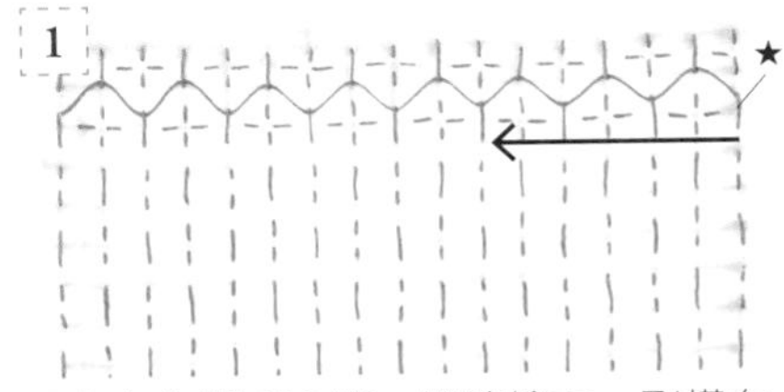

將布巾旋轉180度，繼續繡下一列橫向針目。與2相同，逐一繡兩個短針目，使其與縱向的短針目呈現十字狀。

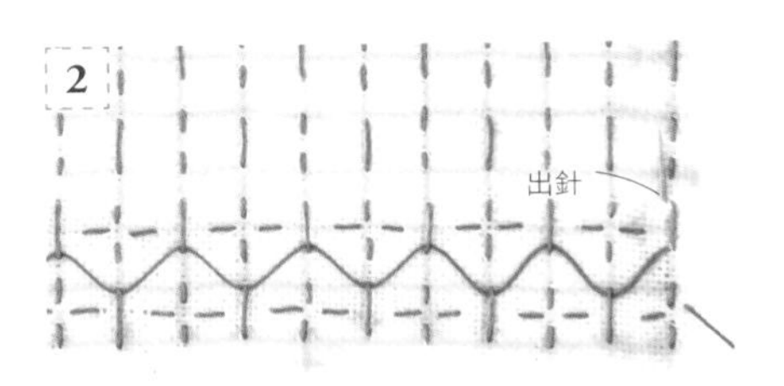

將布巾旋轉180度，讓針穿入兩片布之間，由長針目上側偏左的位置出針。

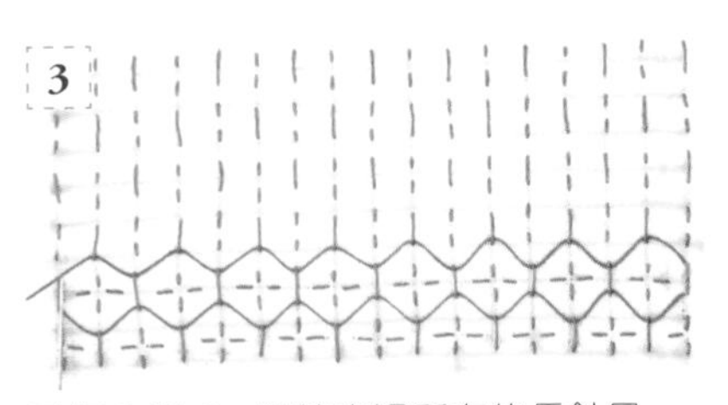

重複2與4，將線穿過所有的長針目。

各個作品的作法與紋樣

開始製作之前

- 材料當中，依序標示了線材的出品廠商、商品名稱以及顏色。
- 布巾的尺寸若非特例，以寬X長的順序標示。為實際或多預留一些的尺寸。
- 在布巾等小物上做刺子繡時，布巾可能因為刺繡而稍微縮小，剪裁時橫向與縱向皆需多預留2cm。本書中標示的尺寸皆已將皺縮的可能性考量在內。
- 圖中的數字若非特別說明，單位皆為cm。
- 紋樣皆以每個針目0.5cm為基準進行說明，皆為實物大小。
- 若非特別指定，請先在布料上畫出1cm寬的方格標示線再進行刺繡。
- 書中標示的完成尺寸為參考值。由於繡線的粗細、布料的厚度、選用的繡法、布料的皺縮情況等等，完成之後的成品不一定會是標示的尺寸。
- 本書中刊載的布巾原則上尺寸皆為縱21x橫20cm（僅p.33的35為縱21.5x橫23.5cm）。布巾的製作方式皆相同。可以參考p.48、53的作法，依個人喜好製作喜歡的尺寸。
- 製作小物件時，布料皆須先過水清潔後，再晾乾整燙製作。
- 製作小物件時，在完成刺繡後也要過水消除標示線，之後晾乾用熨斗整燙，再重新畫上刺繡完成記號線，依尺寸完成。
- 布巾以外的小布料作品會加裡布，刺繡起點和終點要打結。亞麻布等織目較粗的布料，打結處容易鬆脫，要確實打上較粗大的結。
- 布巾的邊框繡法請參照p.61。
- 在布巾上做刺子繡時，須使用的繡線請參照各紋樣說明。

紋樣怎麼看

- 紋樣中的細實線（1cm寬方格）為標示線。請仔細注意紋樣的所在位置進行刺繡。
- 書中刊載的所有紋樣皆為實物大小，請依據實際作品大小自行增減。
- 製作小物件時，請依實際需求決定紋樣的中心位置，對圖案配置進行調整。
- 各個紋樣中有以箭頭及數字指示刺繡的順序與方向。另外，為清楚說明，不同方向的繡線會以不同顏色進行說明。
- 圖樣中呈現紋樣真實的針目位置與長度。
- 刺繡的順序沒有硬性規定，可以依個人習慣進行調整。

コ形縫合法（藏針縫）

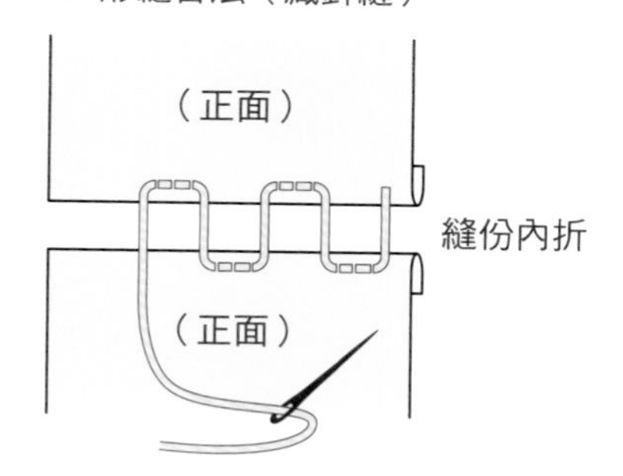

用針沿著縫份內折的部份縫合起來，
留意別讓縫合的針目顯露於正面。

p.7 1 二重柿子花

繡線／小鳥屋商店　紅2（24）

p.7 2 柿子花 1

繡線／小鳥屋商店　朱紅（5）

p.8 3 柿子花 2

繡線／小鳥屋商店　土黃（17）

p.8 4 柿子花 3

繡線／小鳥屋商店　暗紅（20）

p.8 5 十之木

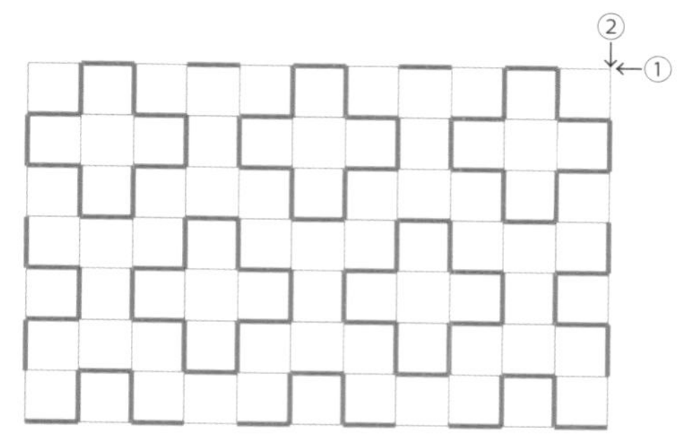

繡線／DARUMA 刺子繡線〈細〉 紅（16）

p.8 6 十之木與霰

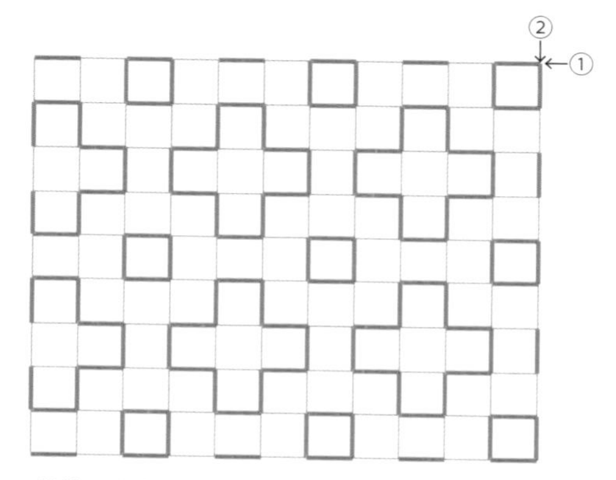

繡線／小鳥屋商店　若竹色（8）

p.10-11 7・8 變化花十字

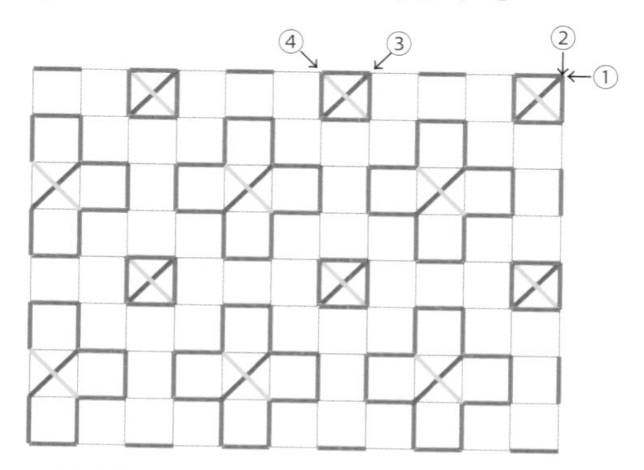

7 的繡線／a　DARUMA　刺子繡線〈細〉 藍（27）
b　DARUMA　家用繡線〈粗〉 紅

p.12 9 階梯紋樣

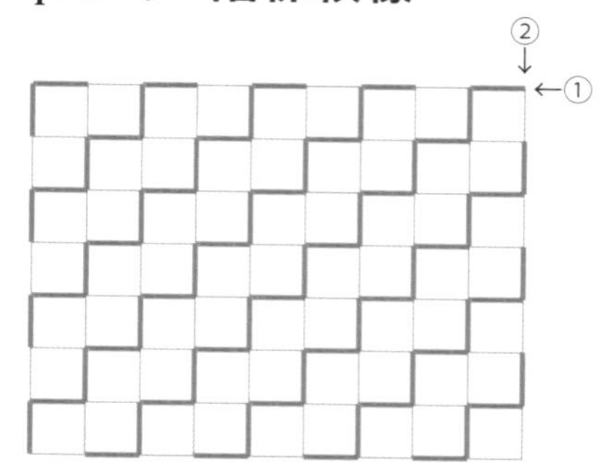

※刺繡製作的重點請參照 p.48

繡線／HOBBYRA HOBBYRE　Strawberry Red 草莓紅（126）

p.13 10 箭羽紋樣

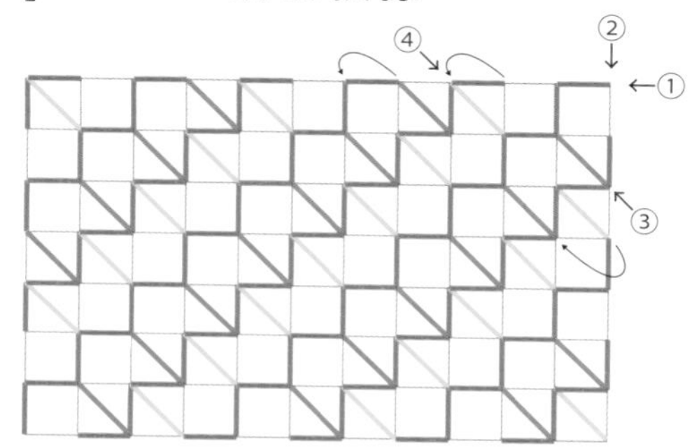

繡線／DARUMA 家用繡線〈細〉 白鼠色（36）

p.13, 16, 18 11・15（左）・18 條紋

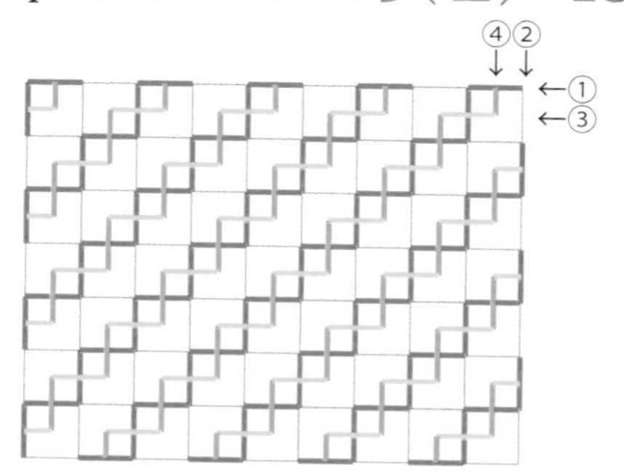

11 的繡線／HOBBYRA HOBBYRE　黃（115）

p.13 12 階梯紋樣的應用

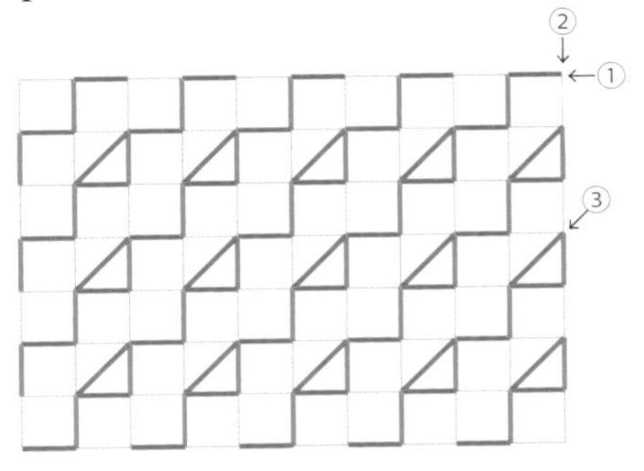

繡線／DARUMA 刺子繡線〈細〉 藍（27）

p.14 13 三角形紋樣

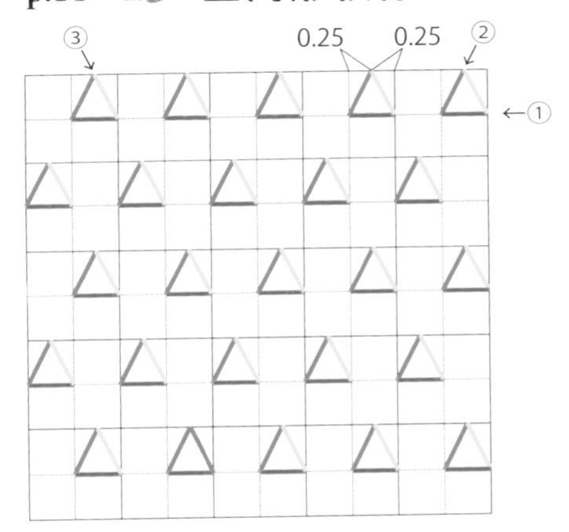

p.15 14 四方形紋樣

繡線／小鳥屋商店 Turquoise Blue 土耳其藍（16）

p.16 15（中） 房子紋樣

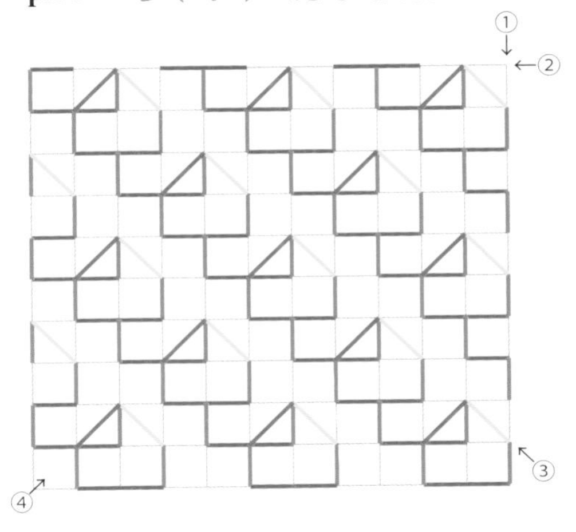

p.16 15（右） 線圈紋樣

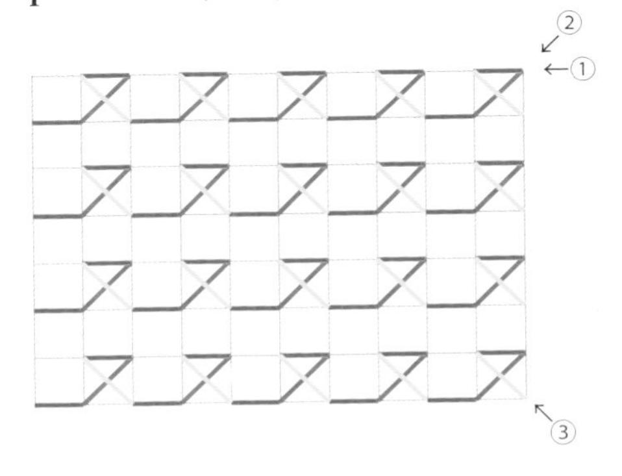

p.17 16 蝴蝶結

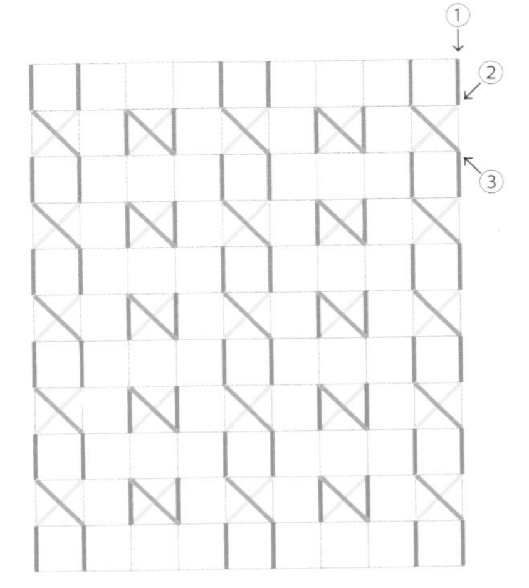

繡線／a DARUMA 刺子繡線〈細〉 水藍（26）
b HOBBYRA HOBBYRE Cherry Pink 櫻桃粉紅（116）

p.19　19 小花紋樣

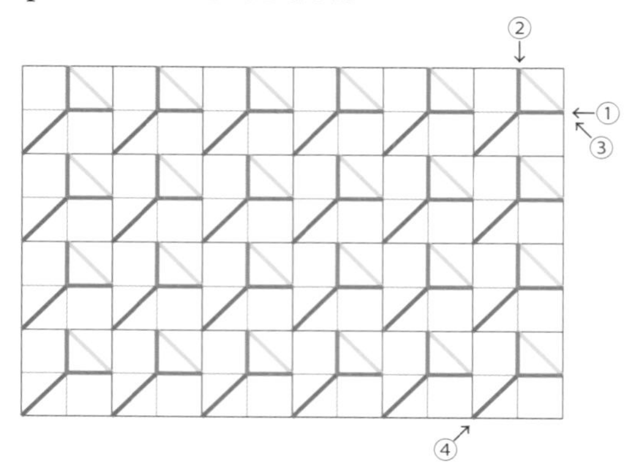

p.20　20 六文錢刺繡

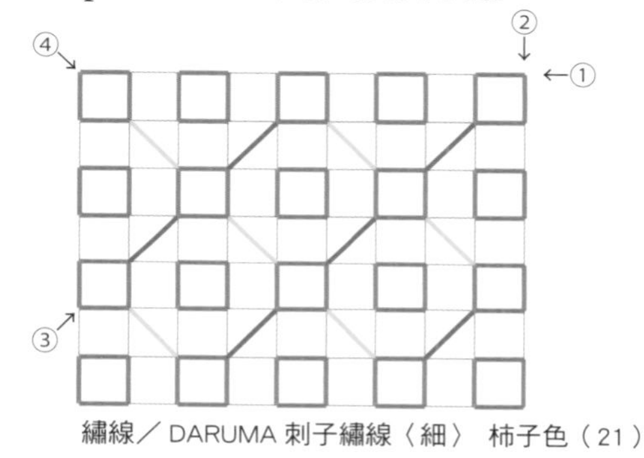

繡線／DARUMA 刺子繡線〈細〉 柿子色（21）

p.20, 22　21・24（中） 錢形刺繡

繡線／DARUMA 家用繡線〈細〉 Emerald 祖母綠（40）

p.21, 22-23　22・24（右）・25 錢形刺繡的應用 1

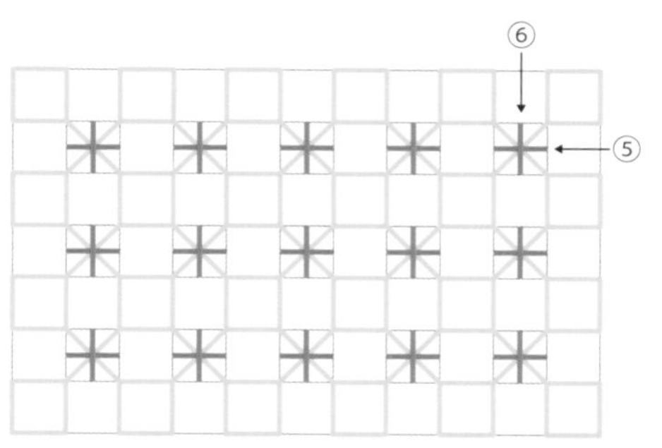

21 參照錢形刺繡，按①～④順序刺繡，最後再繡⑤・⑥。

22 的繡線／DARUMA 家用繡線〈細〉 紅

p.21, 22　23・24（左） 錢形刺繡的應用 2

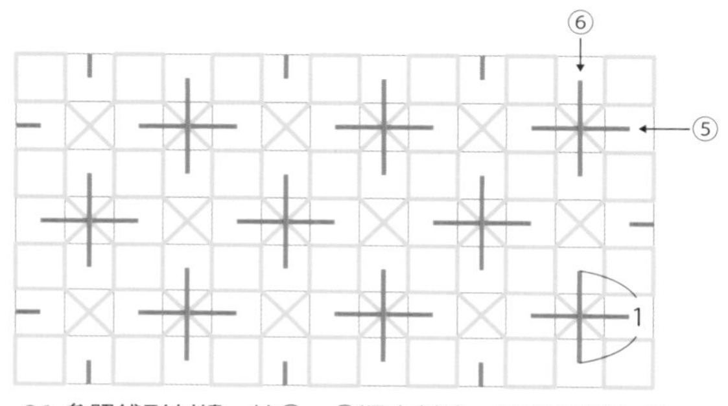

21 參照錢形刺繡，按①～④順序刺繡，最後再繡⑤・⑥。

23 的繡線／DARUMA 家用繡線〈粗〉 Silver 銀色（52）

p.24, 26-27　26（中上）・28・30・31 十字花刺繡

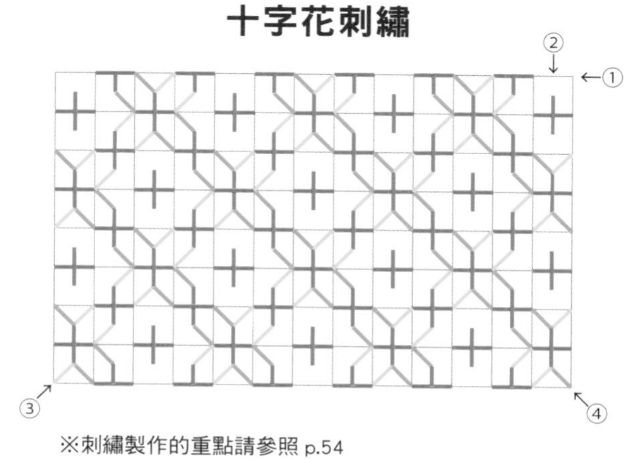

※刺繡製作的重點請參照 p.54

28 的繡線／DARUMA 家用繡線〈細〉 紅梅色（44）

p.24 26(中下) 十字花刺繡的應用 1

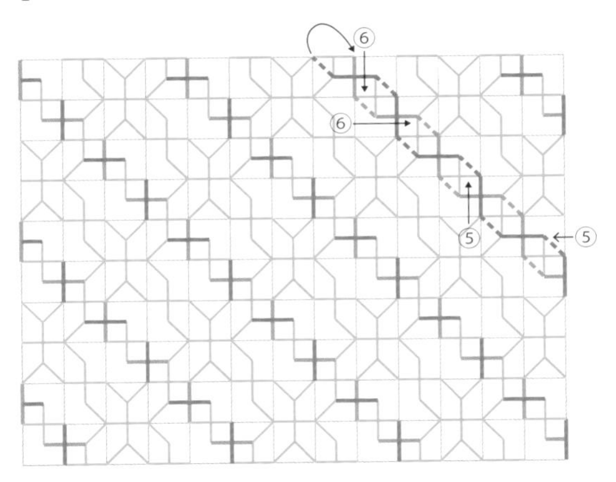

①參照 28 的十字花刺繡，按①～④順序刺繡。
②由右下往左上，依縱→橫→縱→橫的順序繡⑤。
③繡完⑤後接著繡⑥，由左上往右下，
依縱→橫→縱→橫的順序刺繡。
※虛線部分請在兩片布之間渡線

p.24-25, 26 26(左)・27・29 十字花刺繡的應用 3

①參照 28 的十字花刺繡，按①～④順序刺繡。
②繡⑤・⑥時，線要穿過十字。

29 的繡線／ DARUMA 家用繡線〈細〉 青藤色（29）

p.24 26(右下) 十字花刺繡的應用 2

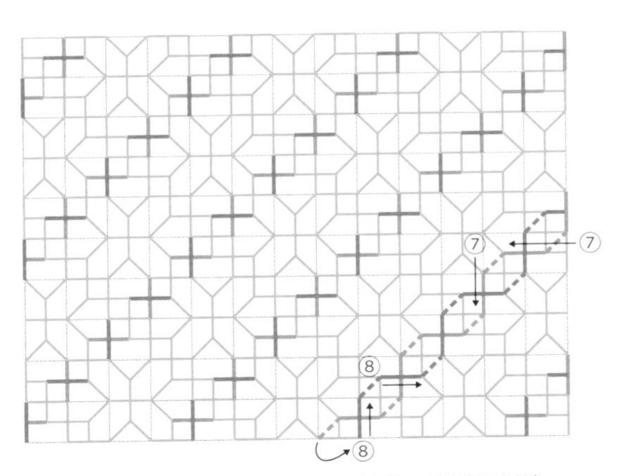

①參照 26 十字花刺繡的應用 1，按①～⑥順序刺繡。
②由右上往左下，依縱→橫→縱→橫的順序繡⑦。
③繡完⑦後接著繡⑧，由左下往右上，
依縱→橫→縱→橫的順序刺繡。
※虛線部分請在兩片布之間渡線

p.28-29 32・33 麻葉

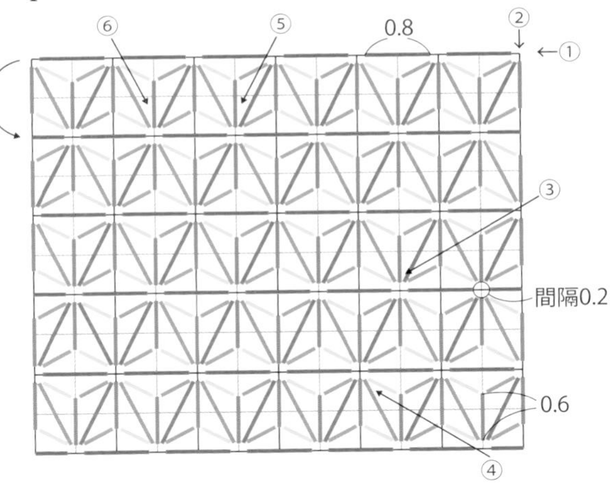

繡線／ a 金龜 TSUYOI 系 24/3 粉紅（96）
b DARUMA 家用繡線〈細〉 白鼠色（36）
c DARUMA 家用繡線〈細〉 葡萄色（38）

裝飾邊框的繡法

0.25
0.25
①繡針目長度為0.25cm的線
（針目之間也間隔0.25cm）
①的針目
②以同樣的方向入針

p.30 34 花龜甲刺繡

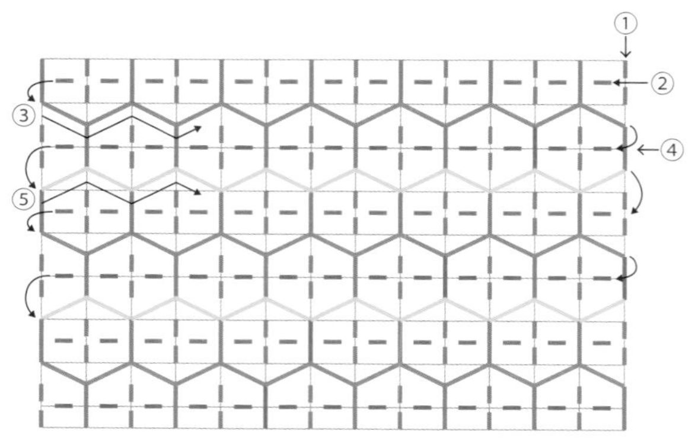

※刺繡重點請參照 p.55
※邊框的繡法請參照 p.61

繡線／ DARUMA 家用繡線〈細〉
a 紅　b 紅梅色（44）　c 藤色（39）　d 鈍青色（30）
e 琉璃色（31）　f 金龜 TSUYOI 系 24/3　濃青色（48）

p.32-33 35 龜甲刺繡

（正面）

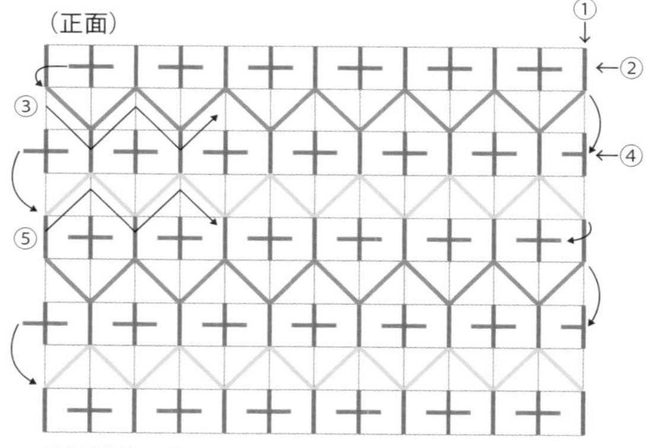

重複繡②～⑤
※刺繡重點請參照 p.55

繡線／小鳥屋商店　紺色（2）

（背面）

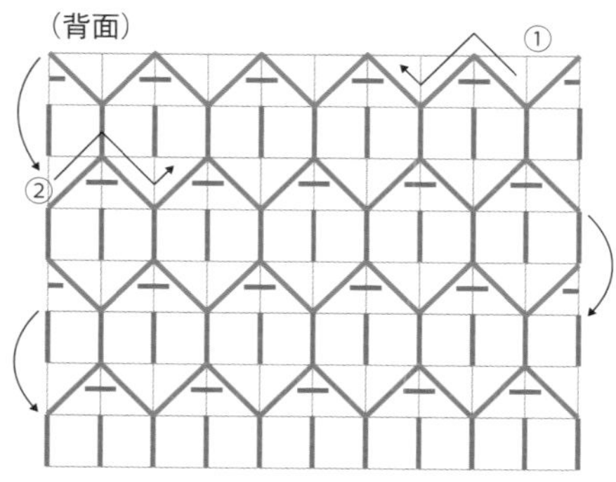

正面繡完後，將繡線穿過背面的針目。

p.32-33 36 錢形刺繡

（正面）

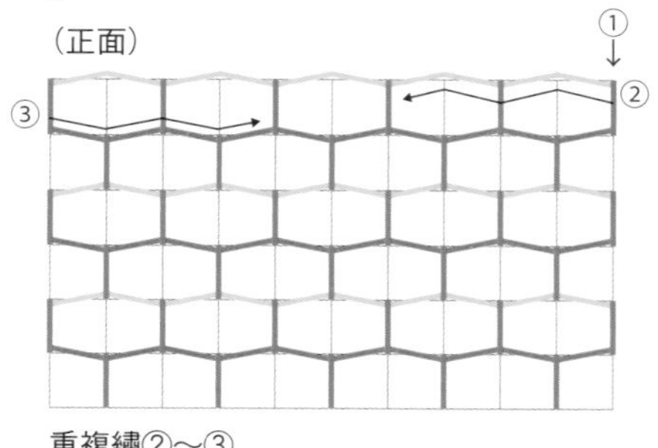

重複繡②～③

繡線／ DARUMA 刺子繡線〈細〉　茜色（7）

（背面）

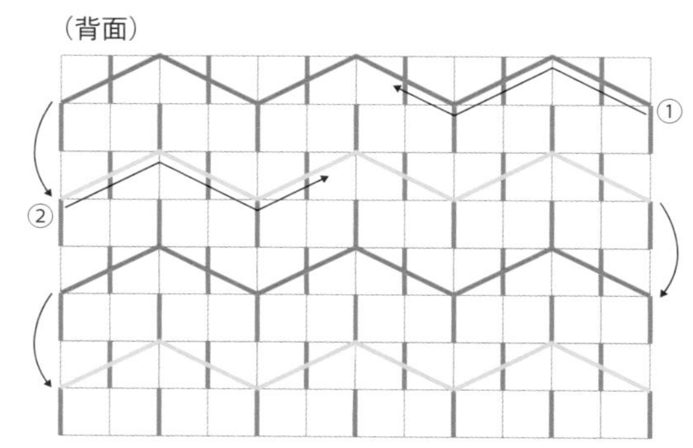

正面繡完後，將繡線穿過背面的針目。

p.32-33 37 錢形刺繡的應用

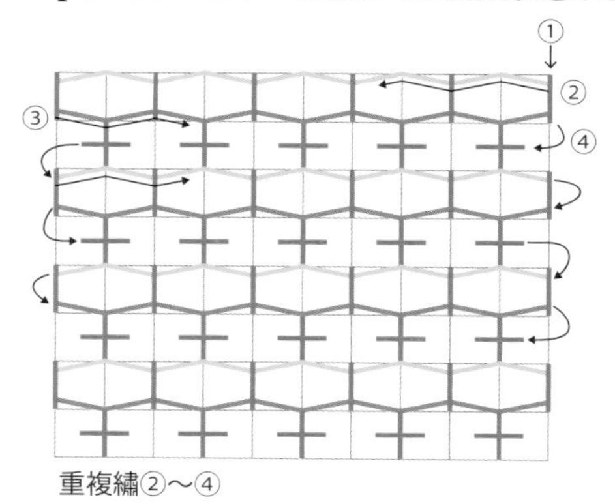

重複繡②～④

繡線／ DARUMA 刺子繡線〈細〉紙卡線卷　藤色（210）

p.32 38 穿線繡

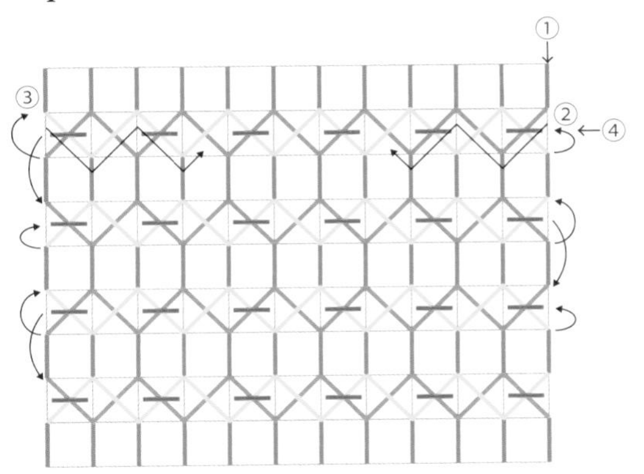

在縱向針目下方穿過②的針目，接著穿過③的針目。
在②與③的交叉點上繡④。重複繡②～④。

繡線／HOBBYRA HOBBYRE　濃粉紅色（111）

p.34 39 格紋

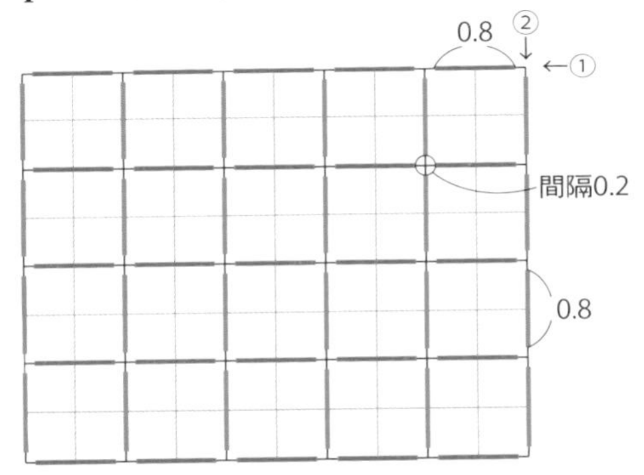

繡線／本舖 飛驒 SASHIKO　水藍色（17）

p.35 40 小花刺繡

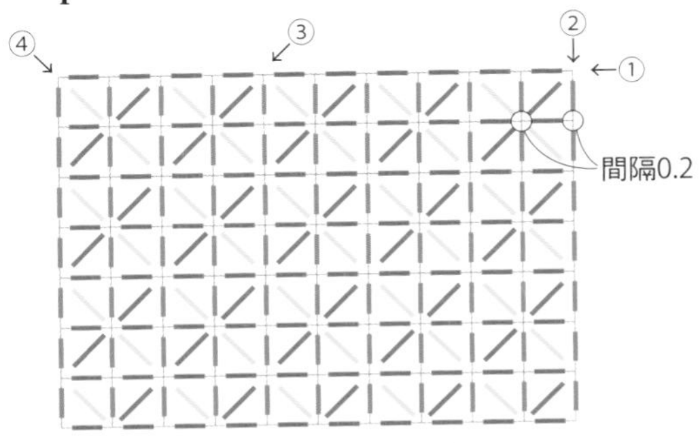

在布巾上畫 0.5cm 的方格標示線
①・②每針目 0.3cm；③・④每針目 0.5cm

繡線／DARUMA 家用繡線〈細〉　藤色（39）

p.36, 38-39 41(中)・43・46 小花刺繡

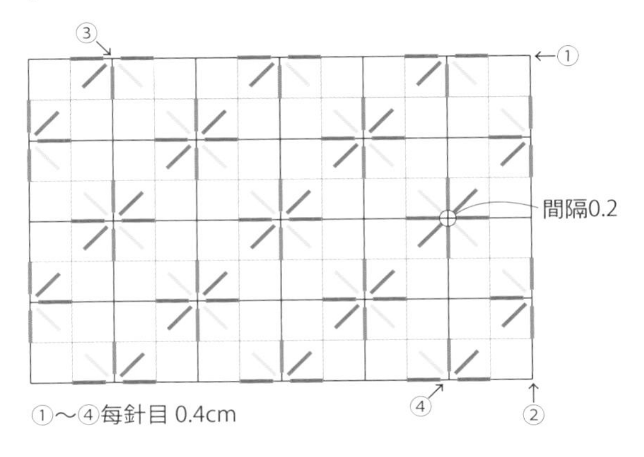

①～④每針目 0.4cm

43 的繡線／DARUMA 刺子繡線〈細〉　茜色（7）

p.36, 38 41(左)・44 小花刺繡的應用 1

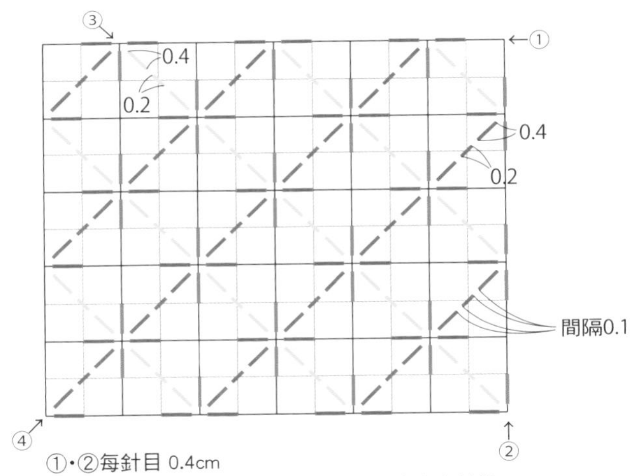

①・②每針目 0.4cm
③・④的針目，以 0.4 與 0.2cm 的長度輪流交替繡。

44 的繡線／DARUMA 刺子繡線〈細〉　柿子色（21）

p.36 41(右) 小花刺繡的應用 2

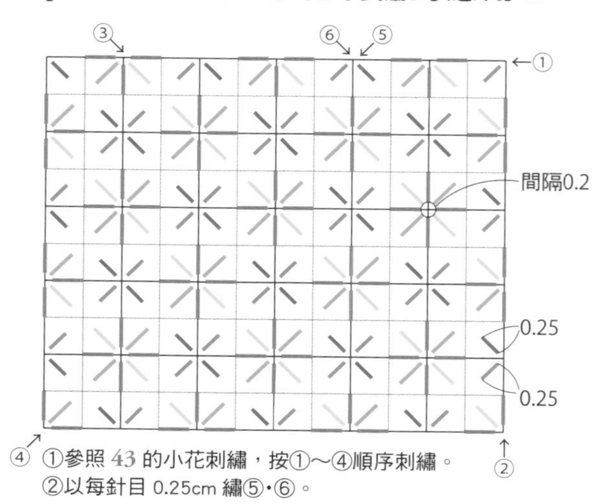

①參照 43 的小花刺繡，按①～④順序刺繡。
②以每針目 0.25cm 繡⑤・⑥。

p.38 45 小花刺繡的應用 3

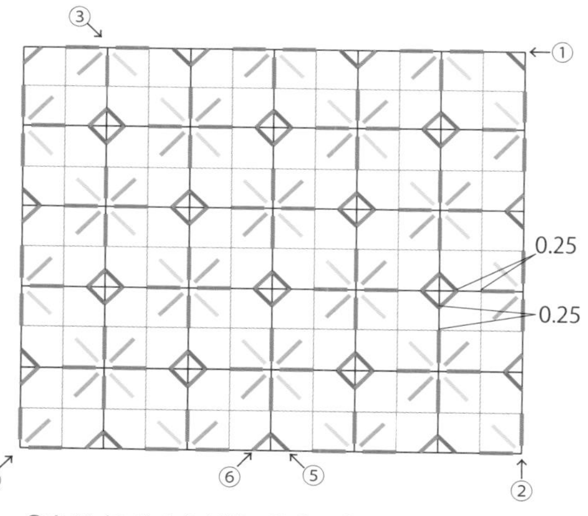

①參照 43 的小花刺繡，按①～④順序刺繡。
②繡⑤・⑥。

繡線／ HOBBYRA HOBBYRE　濃粉紅色（111）

p.18, 37 17・42(左) 米字刺繡 1

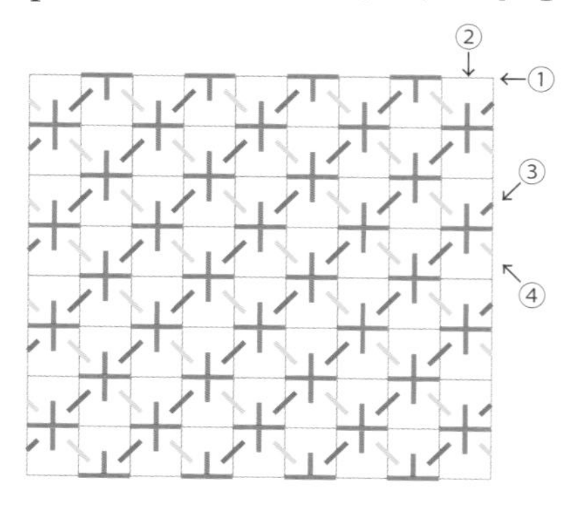

p.37 42(中) 米字刺繡 2

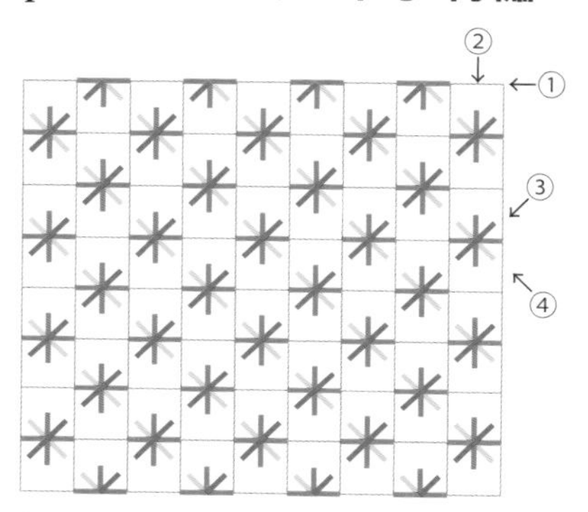

每針目 0.5cm，按①～④順序刺繡。

p.37 42(右) 米字刺繡 3

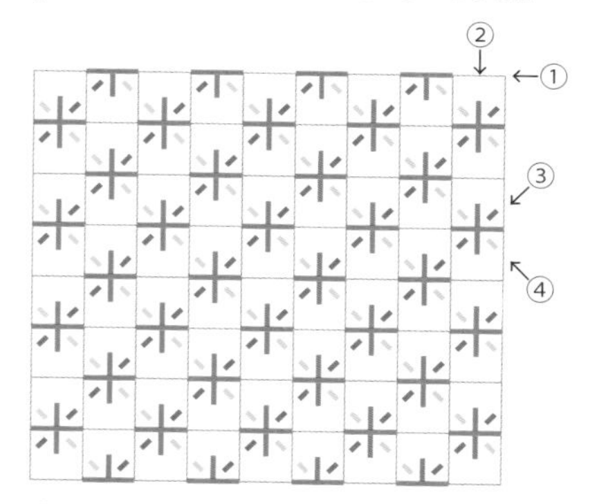

①・②每針目 0.5cm；③・④每針目 0.15cm

p.40-41 47・48 小花紋樣

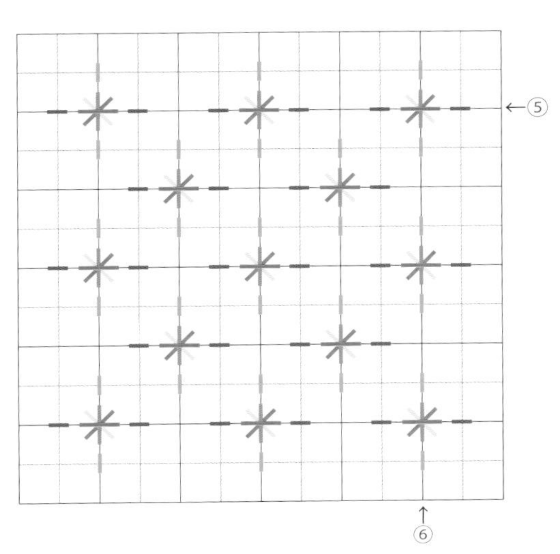

①參照 42 的米字刺繡 2，按①～④順序刺繡。
②以每針目 0.2cm 繡⑤・⑥。

p.42 49 竹葉刺繡

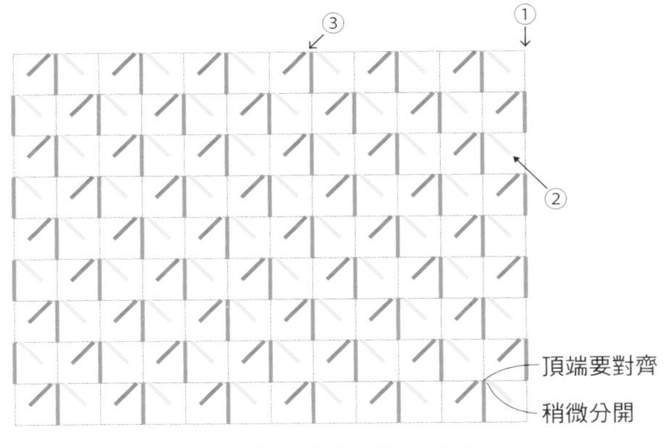

繡線／ DARUMA 刺子繡線（細） 綠色（5）

p.16 15 原創紋樣範例

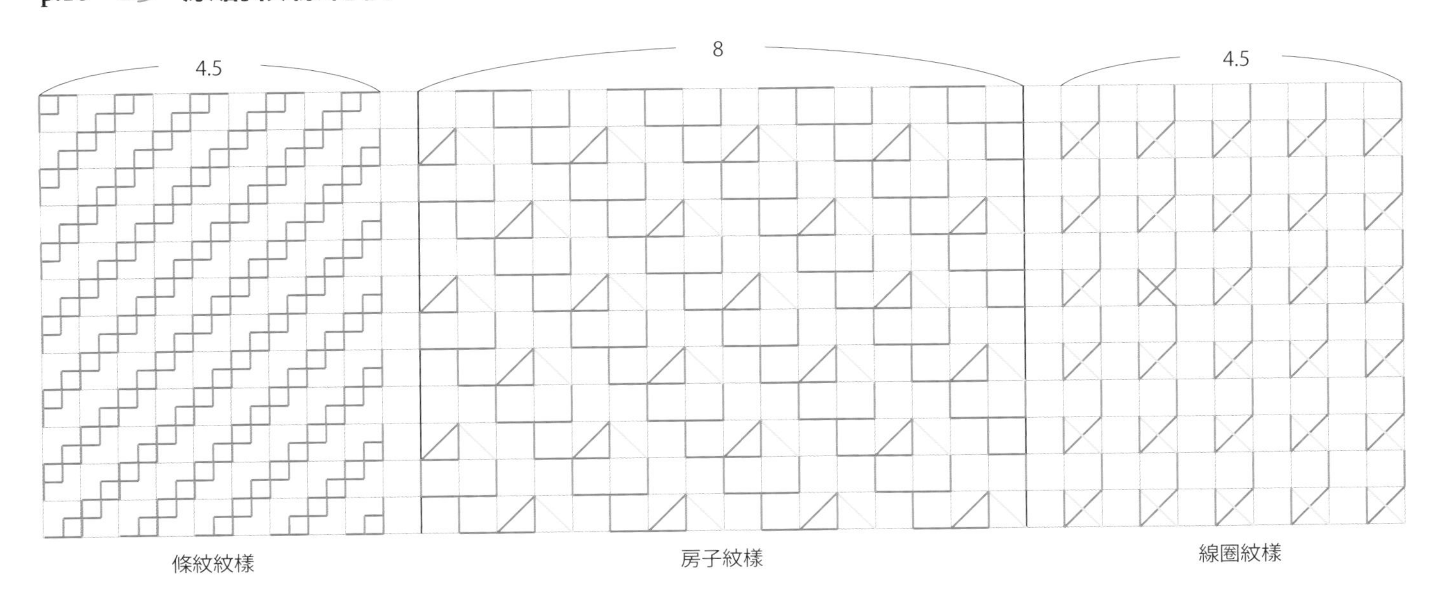

①在方格標示線向外的 0.2cm 處畫外框線，沿此線繡出外框。
②參照 p.58-59 繡各個紋樣。

繡線／ HOBBYRA HOBBYRE 深粉紅色（111）

p.22 24 錢形刺繡範例

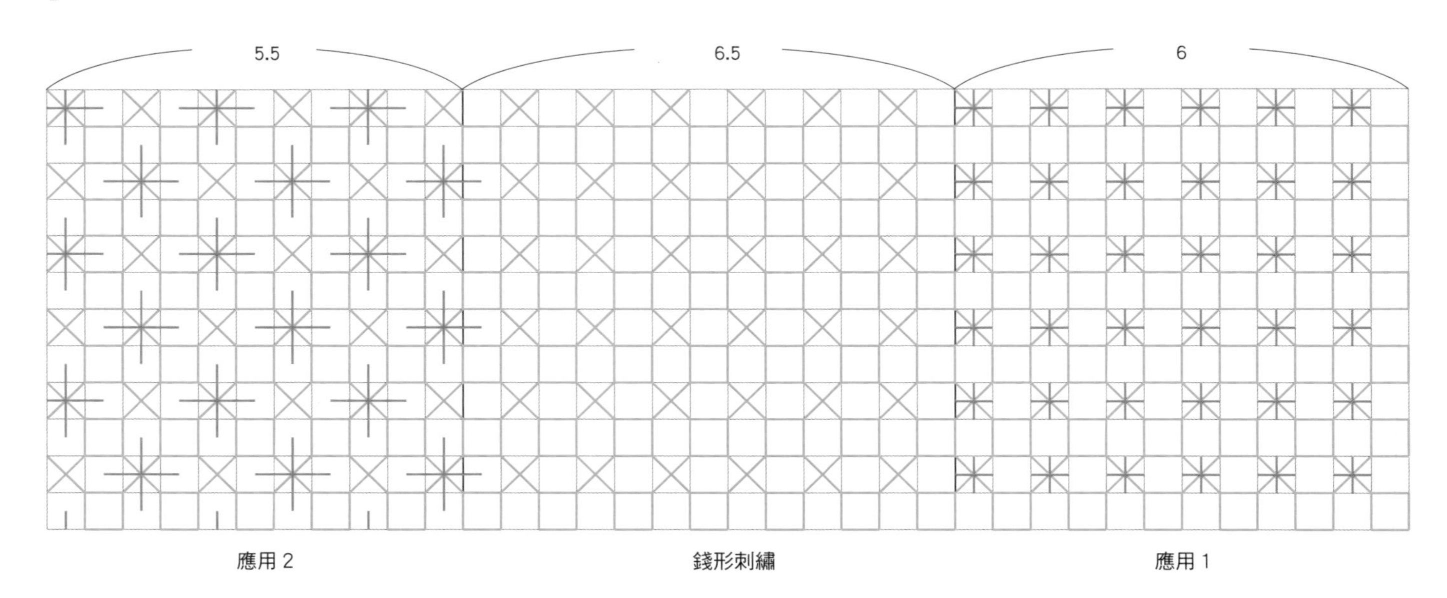

參照 p.60，繡完整體的錢形刺繡後，再分別繡應用 1 、應用 2 。

繡線／ DARUMA 家用繡線〈粗〉　淺蔥色（53）

p.36 41 小花刺繡範例

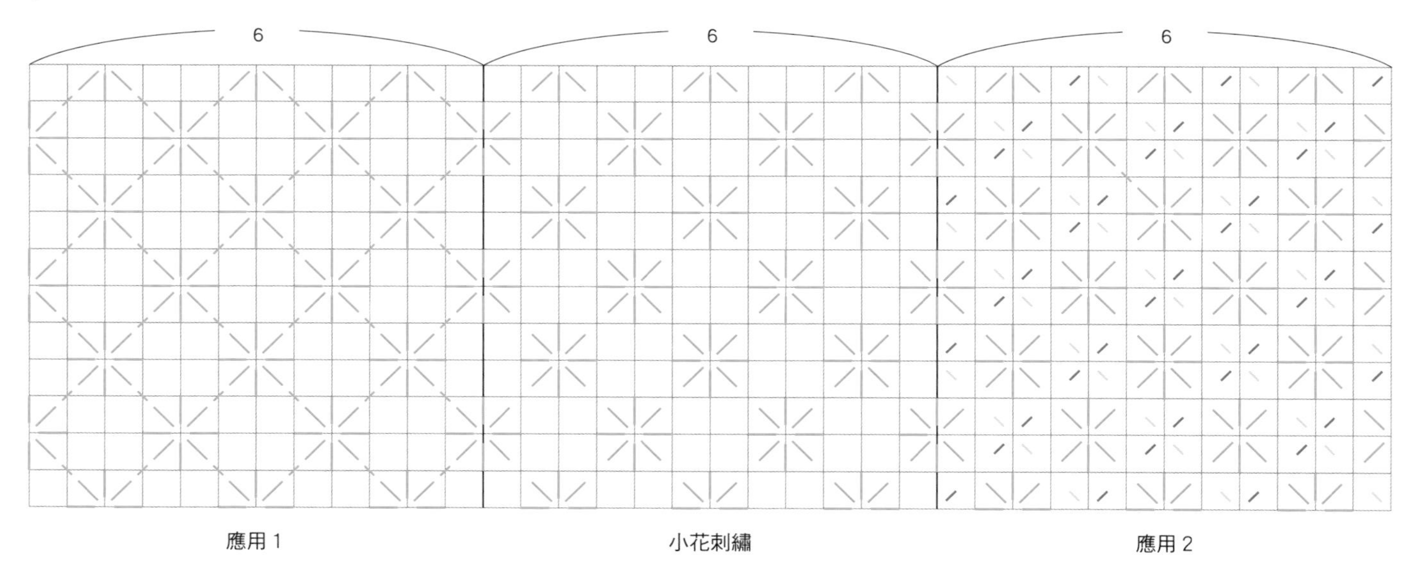

①參照 p.63,64，在布巾整體繡小花刺繡。只有應用 1 的部分須一邊繡一邊添加紋樣。
②最後繡應用 2 的十字部分。

繡線／ DARUMA 刺子繡線〈細〉 梅色（23）

p.24 26 十字花刺繡範例

參照 p.60,61，先繡完整體的十字花刺繡，再按應用 3→1→2 順序繡紋樣。

繡線／DARUMA 家用繡線〈細〉　琉璃色（31）

p.37 42 米字刺繡範例

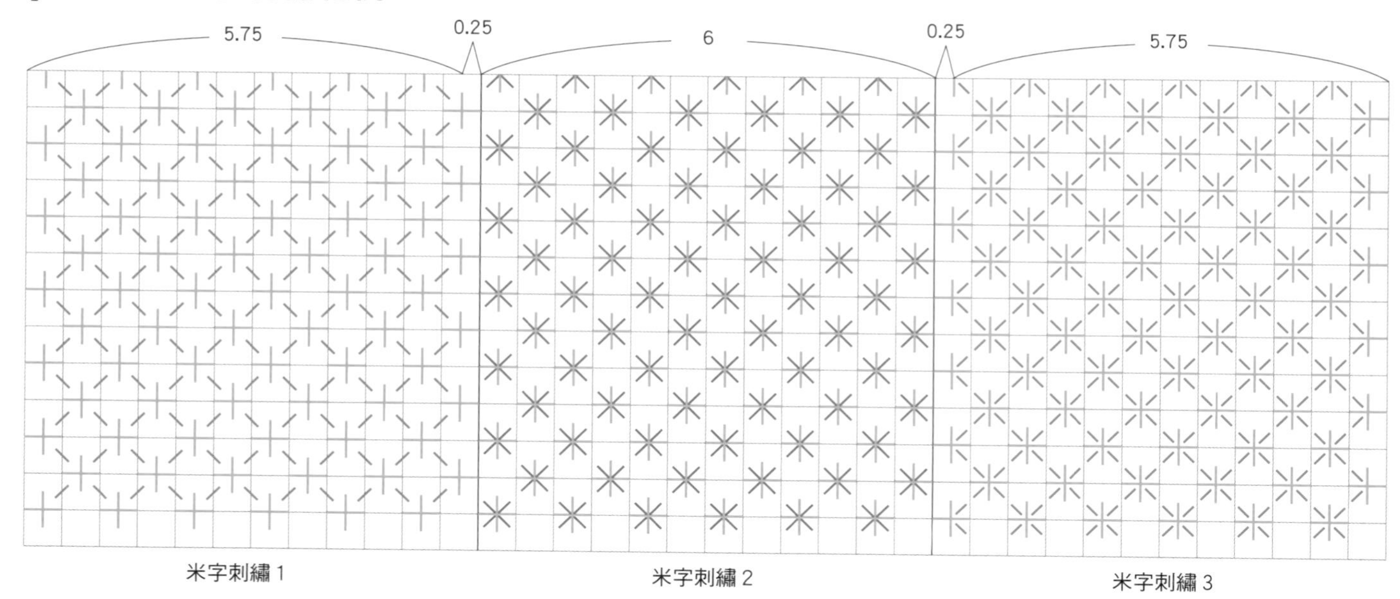

參照 p.64，先繡完整體的十字刺繡，再分別繡上其他紋樣。

繡線／DARUMA 刺子繡線〈細〉紙卡線卷　祖母綠（207）

p.14 13 三角形紋樣的迷你布墊

紋樣請見 p.59

材料（1 份）

表布（漂白棉布）30x35cm、裡布（雙層紗布　a 水藍色　b 藍色）30x20cm、a HOBBYRA HOBBYRE 刺子繡線　深藍色（113）、b DARUMA 刺子繡線〈細〉紙卡線卷　白鼠色（217）

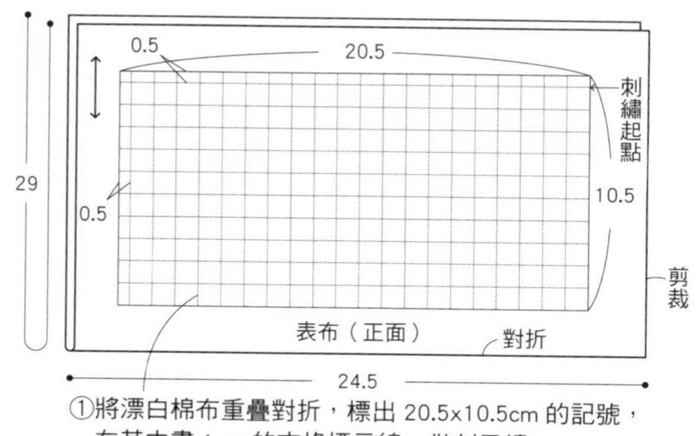

①將漂白棉布重疊對折，標出 20.5x10.5cm 的記號，在其中畫 1cm 的方格標示線，做刺子繡。

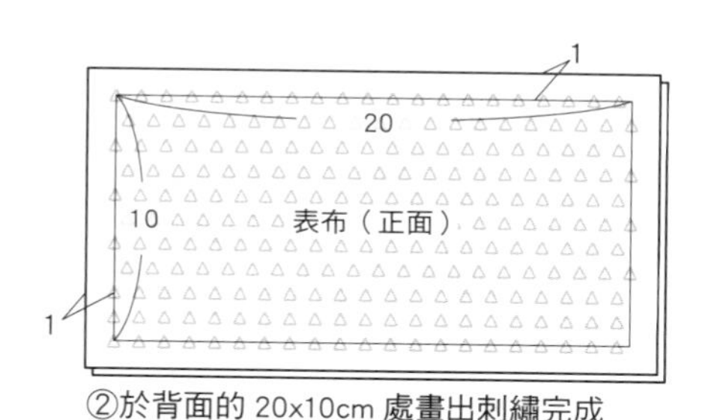

②於背面的 20x10cm 處畫出刺繡完成記號線，預留縫份後剪裁。

※其中一片裡布也剪裁成相同尺寸（依喜好裡布也可以 2~3 片重疊）

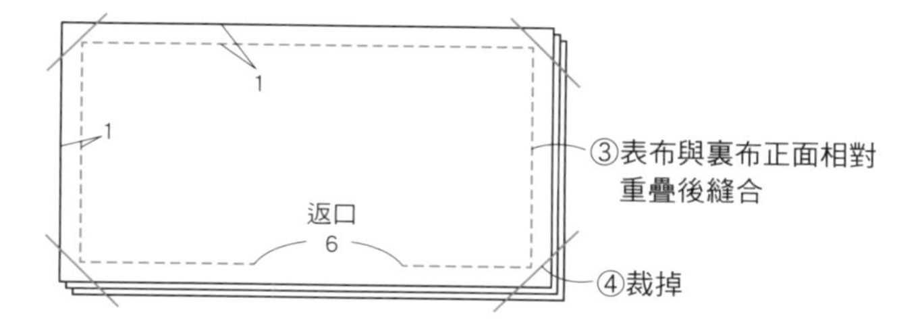

③表布與裏布正面相對重疊後縫合

④裁掉

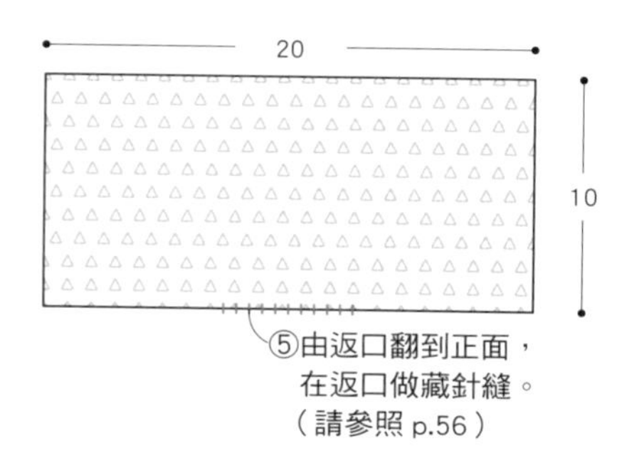

⑤由返口翻到正面，在返口做藏針縫。（請參照 p.56）

p.11

8 變化花十字的杯墊

紋樣請見p.58

材料（1份）

表布（染色亞麻布：a米色／b常青色／c綠色／d薄荷綠）、裡布（米色的棉麻布）各20x20cm、附黏膠薄隔熱棉15x15cm、小鳥屋商店刺子繡線：a鶯色（15）／b・c未漂白・細線／d若竹色（8）

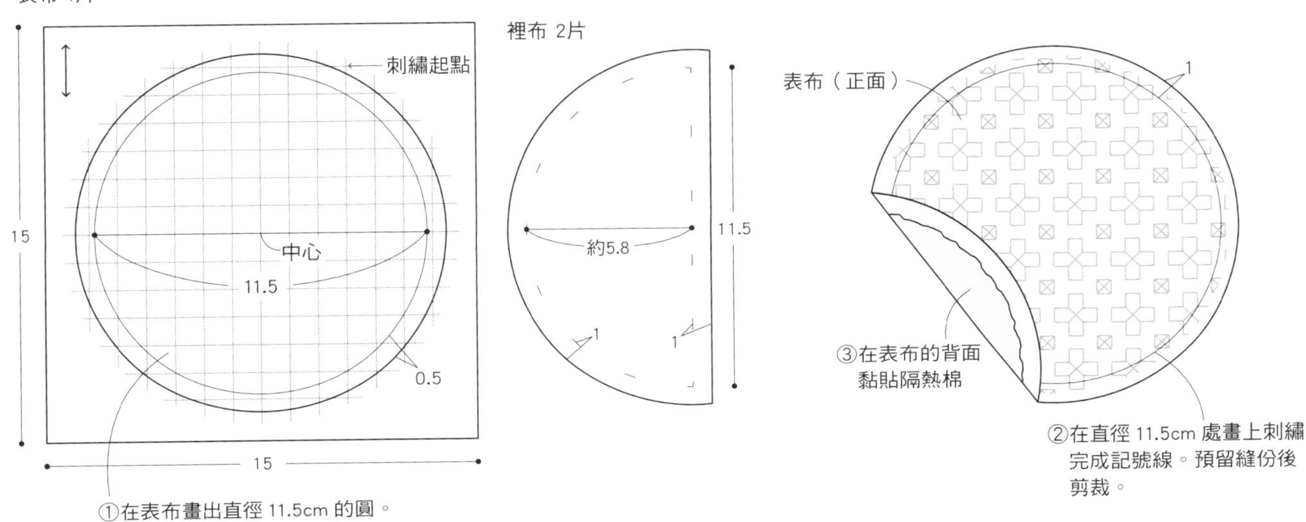

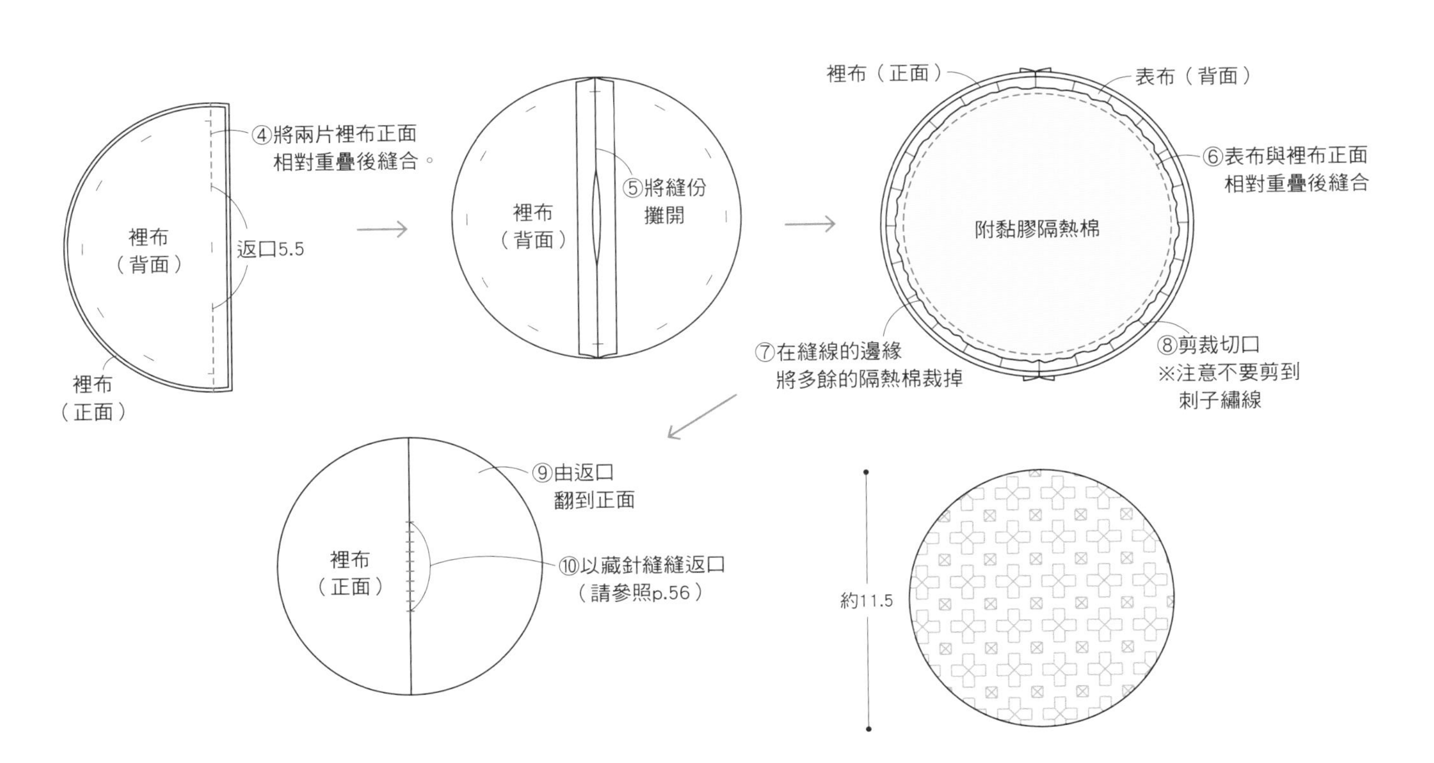

p.18 **18 條紋圖樣的化妝包** 紋樣請見p.58

材料

表布(白色亞麻布)25x35cm、裡布(紅色亞麻棉布)、附黏膠薄襯棉25x30cm、小鳥屋商店 刺子繡線 紅色2(24)、14cm拉鍊1條、0.4cm寬皮繩13cm

p.27 **30 十字花刺繡的隨身包** 紋樣請見p.60

材料

表布(墨染淡色、無花紋素面)25x30cm、裡布(灰色亞麻布)、附黏膠薄襯棉20x25cm、小鳥屋商店 刺子繡線 未漂白·細線、12cm拉鍊1條、0.4cm寬皮繩13cm

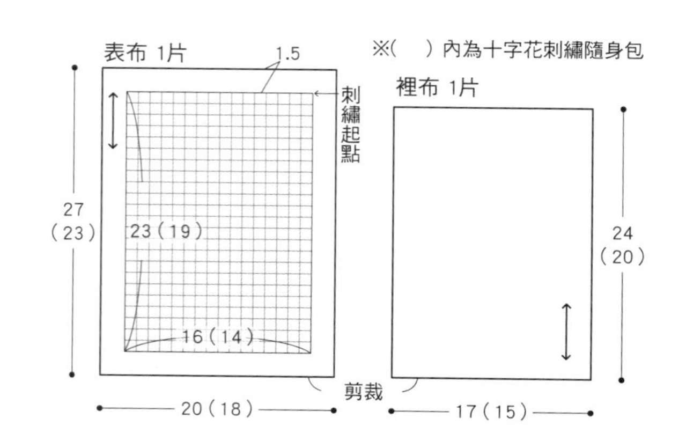

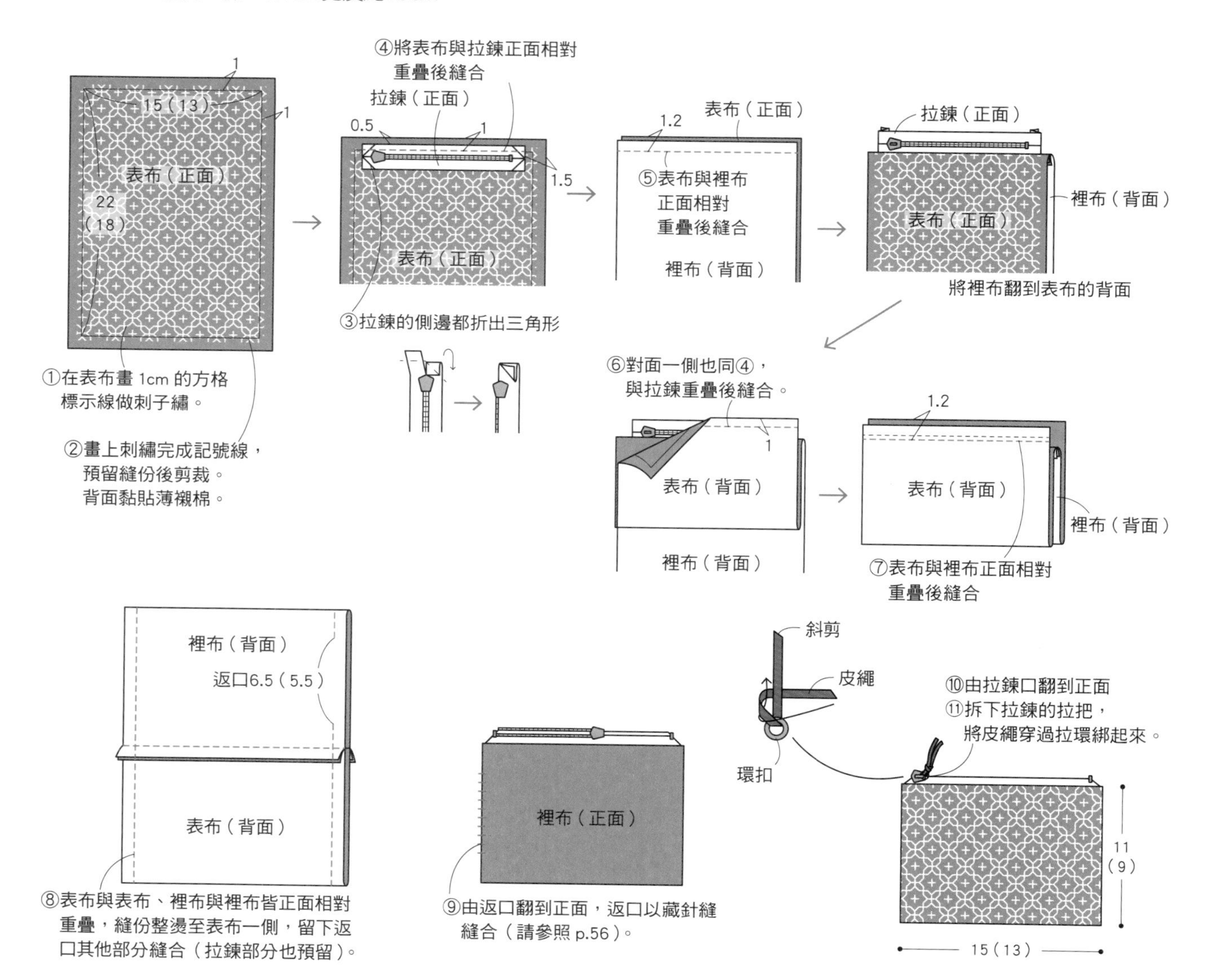

p.19 19 **小花圖樣的束口袋**

紋樣請見p.60

材料

表布(白色亞麻布)50x25cm、裡布(紅色亞麻棉布)25x50cm・附黏膠薄襯棉45x25cm、Olumpus刺子繡線　紅色(15)、綠色(7)、直徑0.2cm的蠟繩(焦茶色)1.2m

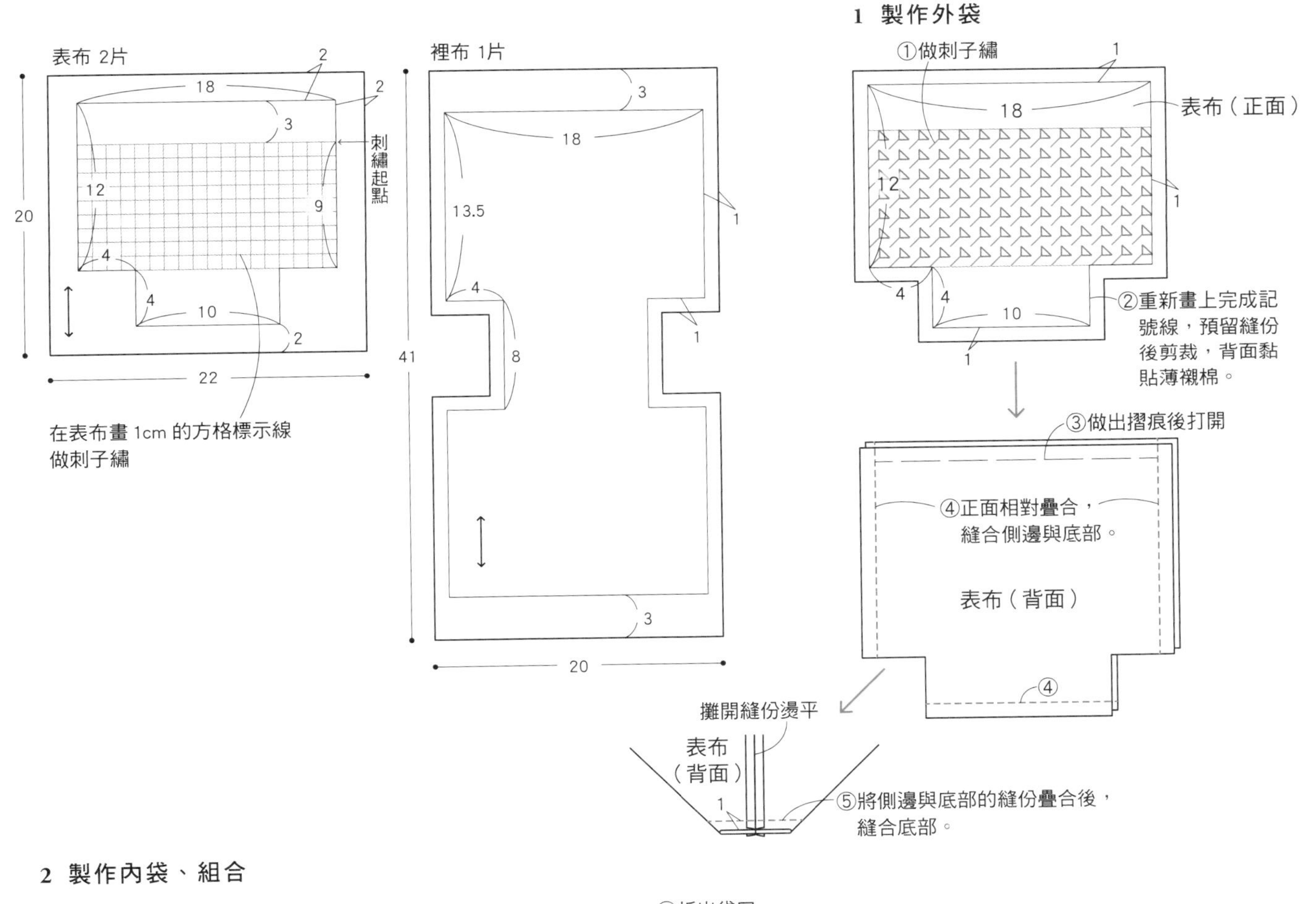

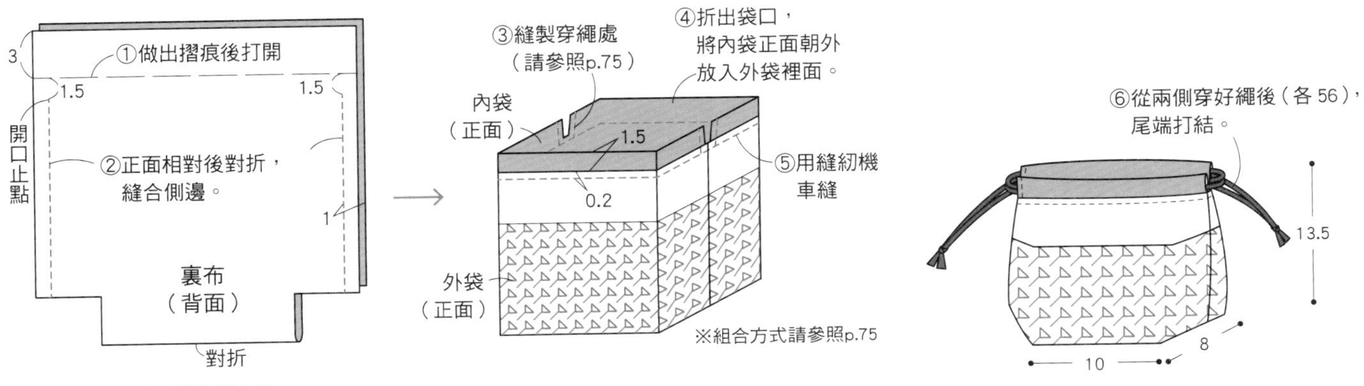

p.23 25 錢形刺繡的隨身包

紋樣請見p.60

材料

a

表布(薄荷綠色亞麻布)25x35cm、裡布(原色亞麻棉布)・附黏膠薄襯棉各25x35cm、直徑10mm扣子(白)1組

b

表布(綠色亞麻布)30x40cm、裡布(原色亞麻棉布)・附黏膠薄襯棉各25x40cm、直徑13mm扣子(白)1組

共同

小鳥屋商店 刺子繡線　無漂白・細線

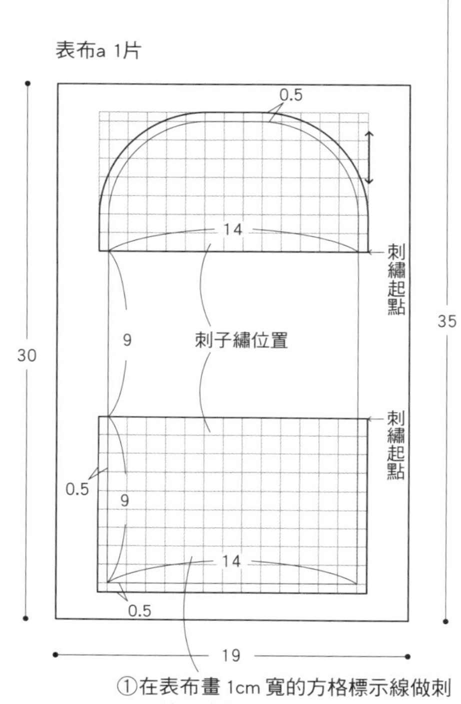

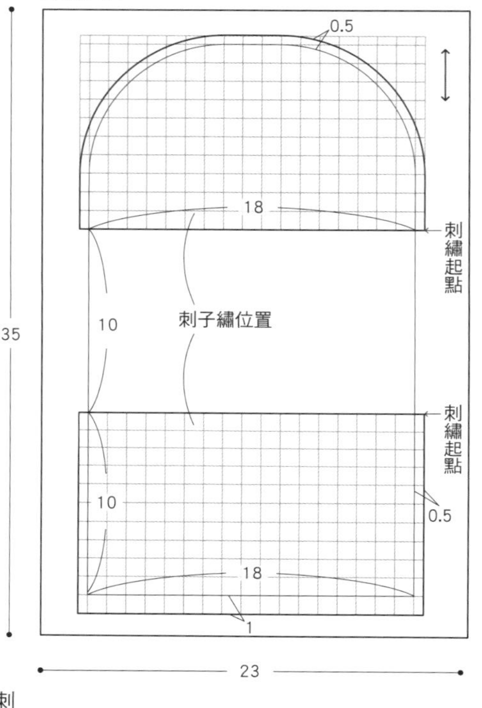

①在表布畫 1cm 寬的方格標示線做刺子繡，多留 1cm 作為縫份後剪裁。

※裡布同尺寸

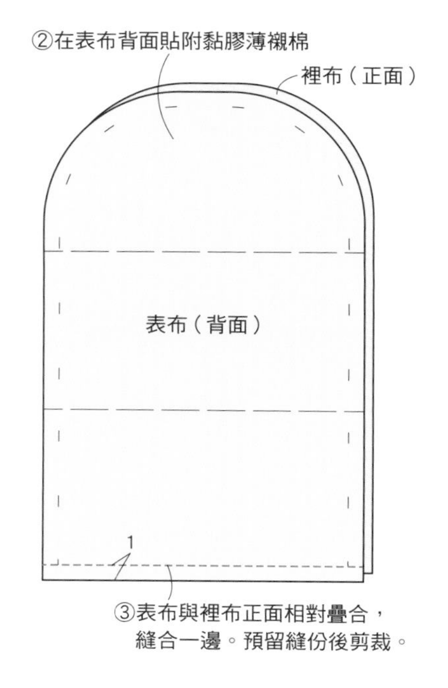

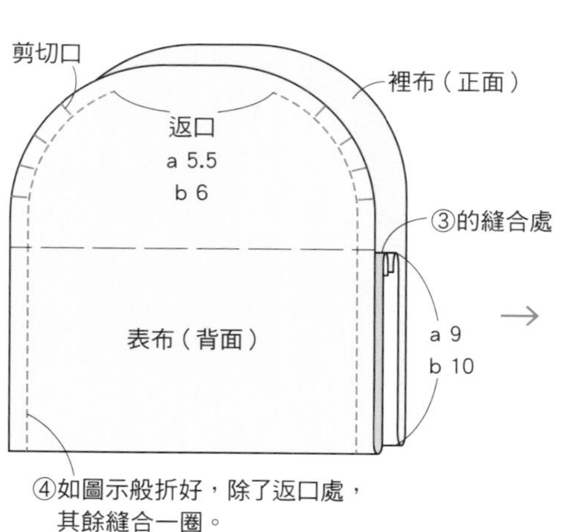

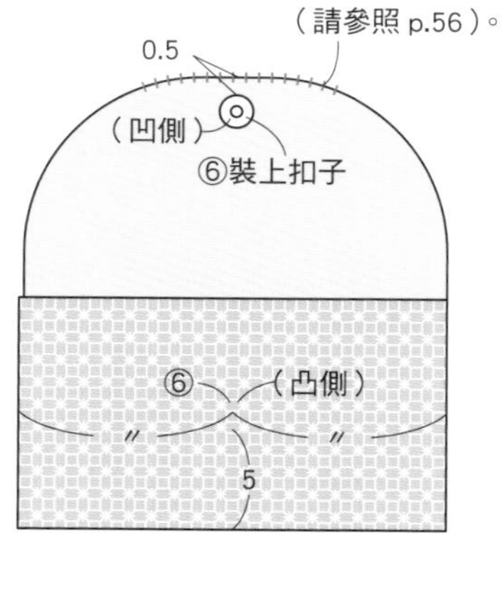

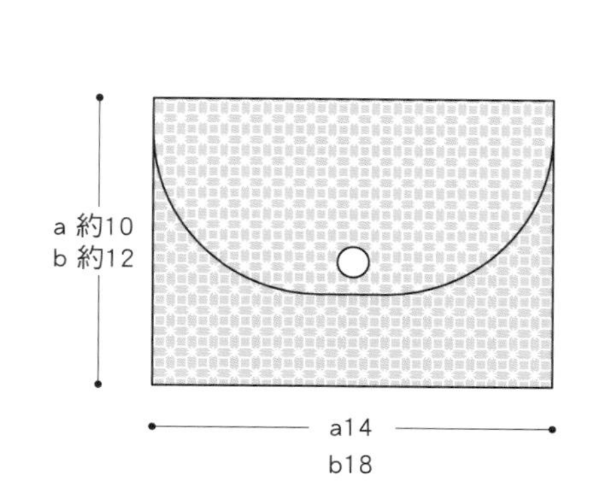

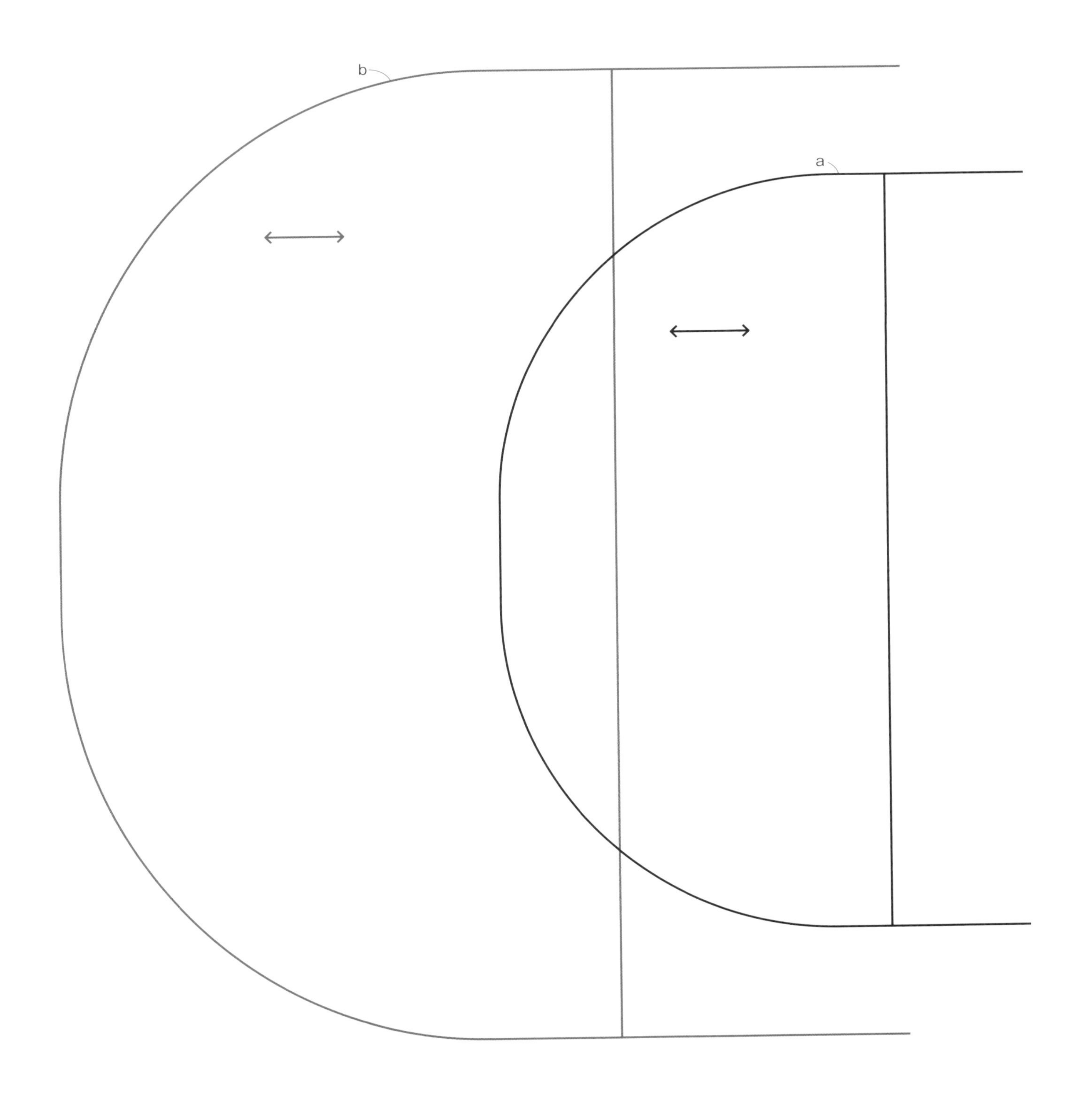
b
a

p.25 27 十字花刺繡的針插

紋樣請見 p.61

材料（1份）

a 白色亞麻布／b 深藍色的藍染布各 15 x 15cm、
DARUMA 家用繡線〈細〉 a 紅色、b 米白色、
內徑 4.5cm 的小木杯 1 個、棉花適量

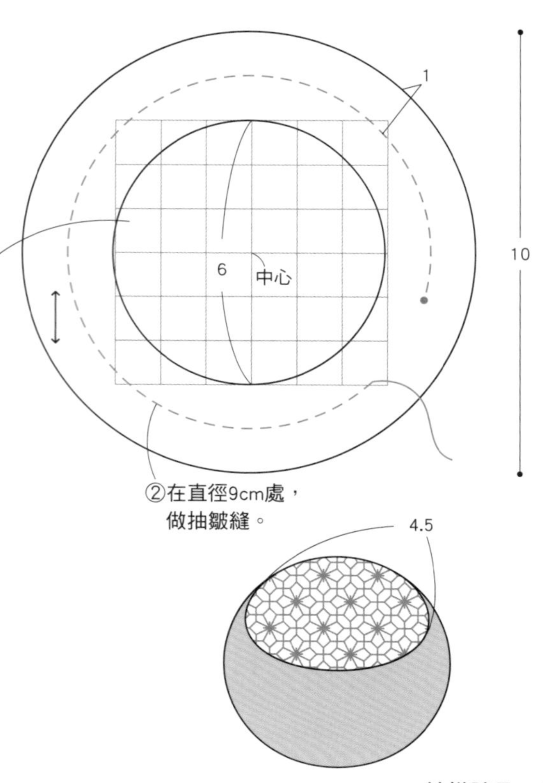

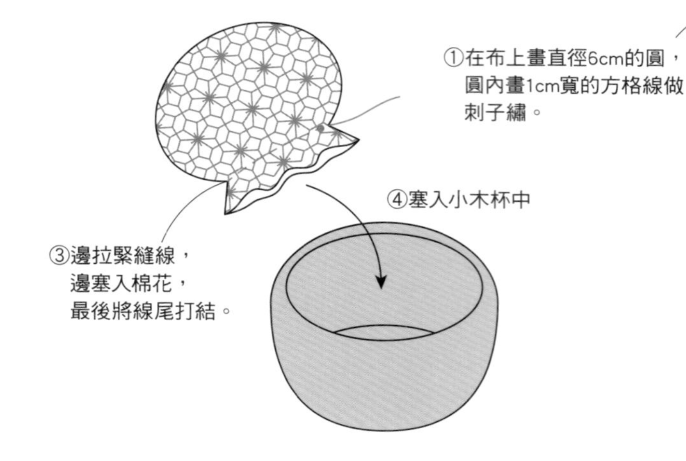

p.29 33 麻葉的針插

紋樣請見 p.61

材料（1份）

表布（白色亞麻布）a・b 各 20x20cm、c 20x15cm
裡布（依個人喜好）a・b 各 15x15cm、c 20x15cm
DARUMA 家用繡線〈細〉 a 藤色（39）、b 祖母綠（40）、c 駱駝色（18）、棉花適量

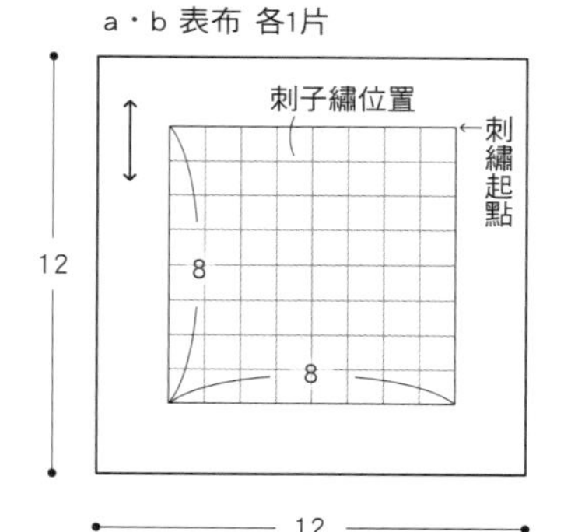

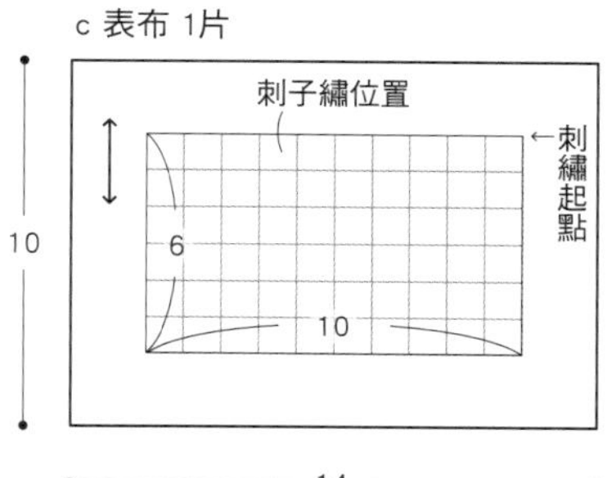

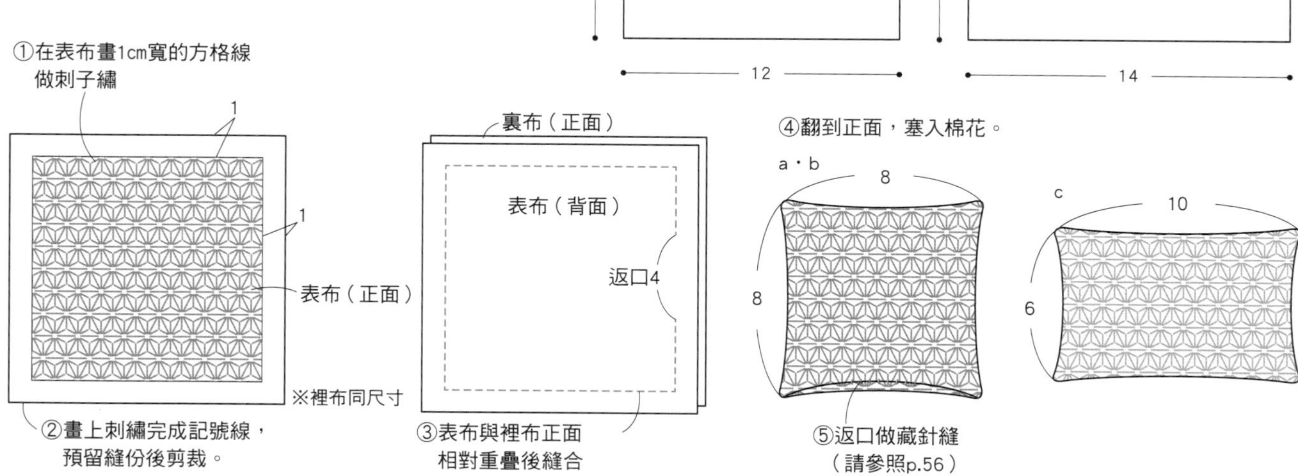

p.27 **31 十字花刺繡束口袋**

紋樣請見p.60

材料

表布（淡藏青色、無花紋素色布）25x45cm、裡布（無漂白厚野木棉布）25x50cm・小鳥屋商店 刺子繡線　未漂白・細線、直徑0.2cm 蠟線（白）1m

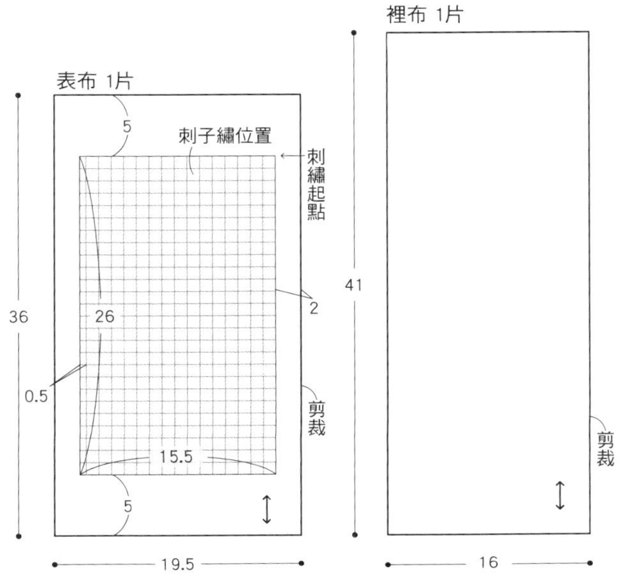

表布 1片
刺子繡位置
刺繡起點
剪裁
5 / 26 / 36 / 0.5 / 2 / 15.5 / 5 / 19.5

裡布 1片
剪裁
41 / 16

1 製作外袋

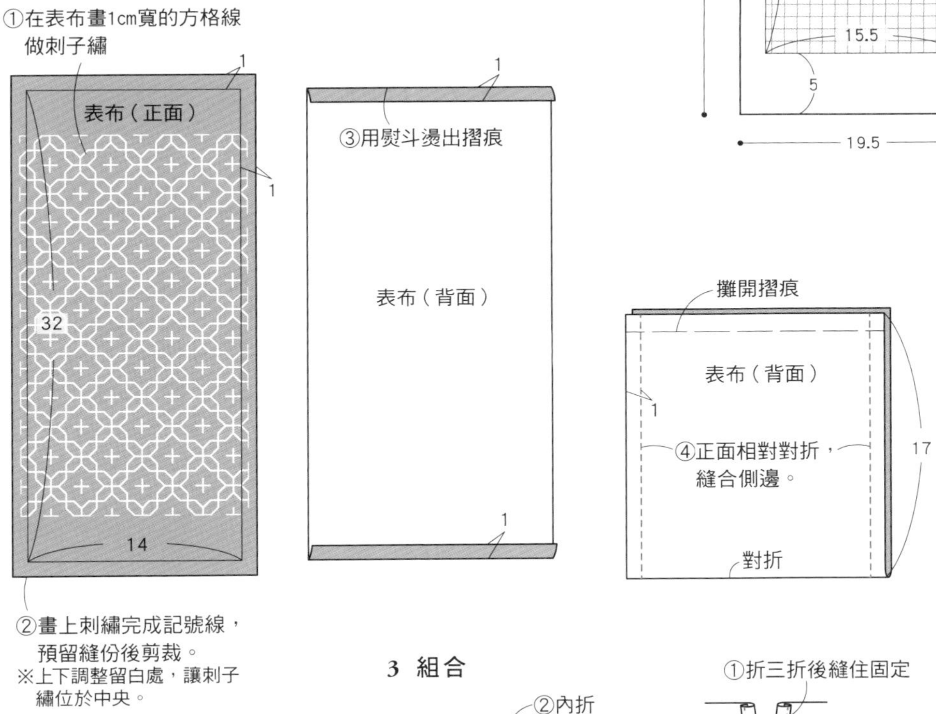

①在表布畫1cm寬的方格線做刺子繡

表布（正面）
1 / 1 / 32 / 14

②畫上刺繡完成記號線，預留縫份後剪裁。
※上下調整留白處，讓刺子繡位於中央。

③用熨斗燙出摺痕

表布（背面）
1 / 1

攤開摺痕
表布（背面）
④正面相對對折，縫合側邊。
對折
1 / 17

2 製作內袋

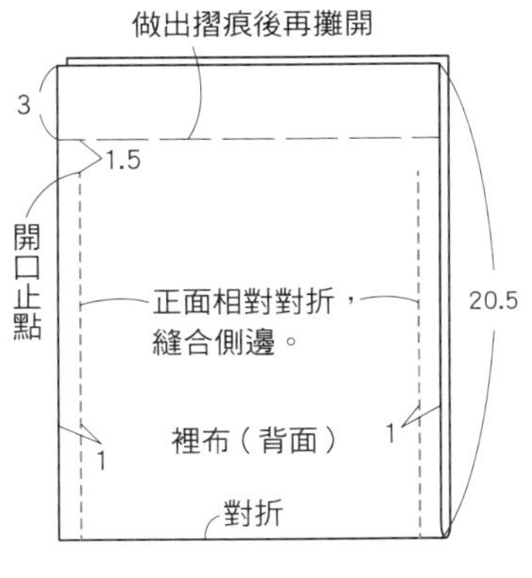

做出摺痕後再攤開
開口止點
正面相對對折，縫合側邊。
裡布（背面）
對折
3 / 1.5 / 20.5 / 1 / 1

3 組合

②內折
外袋（表面）

②內折
內袋（背面）
攤開縫份
③內袋正面朝外放入外袋中

①折三折後縫住固定
0.5 / 0.2 / 0.2
內袋（背面）

④以縫紉機車縫
1.5 / 0.2 / 17.5 / 14
⑤從兩側穿繩（各48cm），尾端打結。

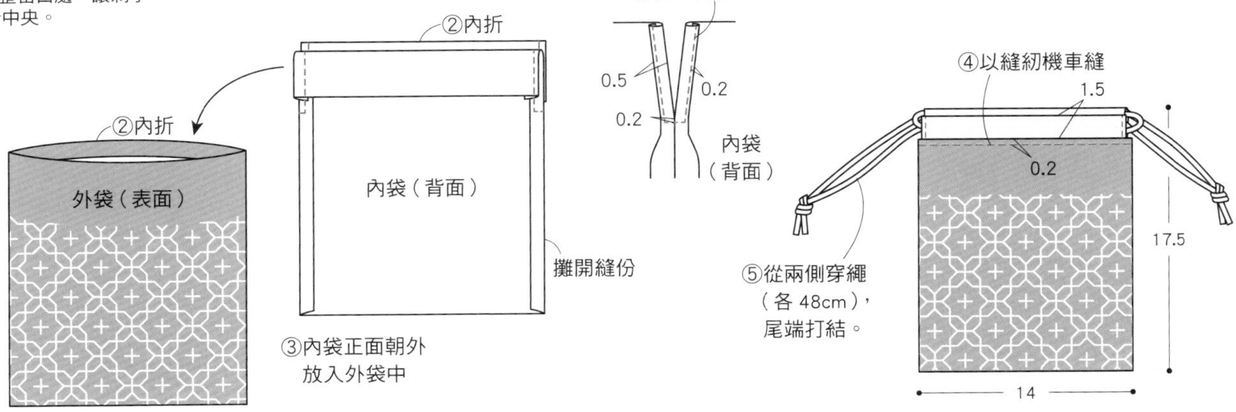

46 小花刺繡的迷你提袋

紋樣請見p.63

材料

表布正面（米白色亞麻布）30x30cm、表布背面・提帶（灰色亞麻布）40x35cm、裡布（灰色棉麻布）30x45cm、小鳥屋商店 刺子繡線　灰色（21）

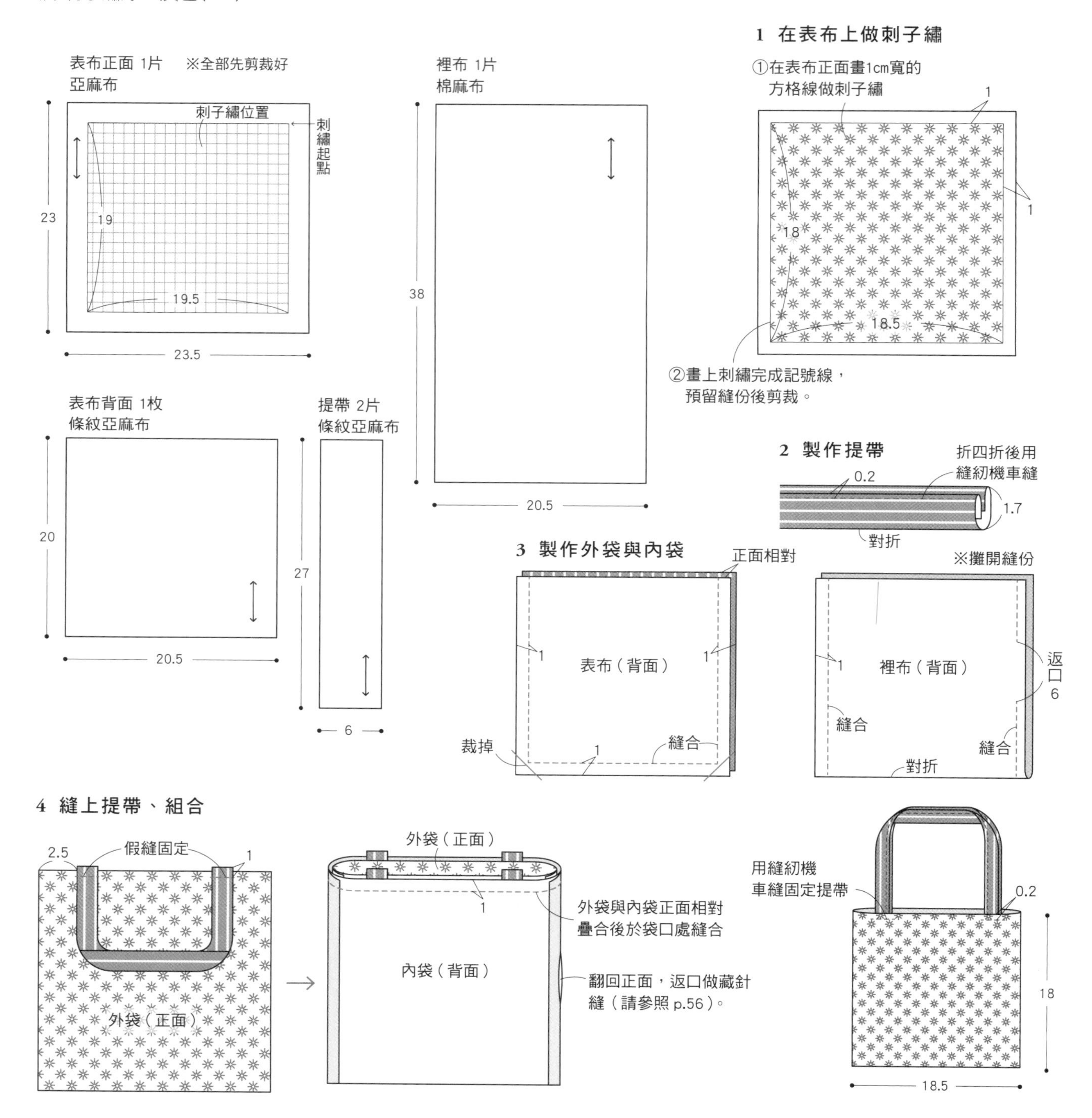

p.40 47 小花紋樣的萬用包

紋樣請見p.65

材料

表布(靛青色亞麻布)45x25cm、裡布(藏青色麻棉布)・附黏膠薄襯棉各25x20cm、小鳥屋商店 刺子繡線　未漂白・細線、鶯色(15)、14cm拉鍊1條、0.4cm寬皮繩13cm

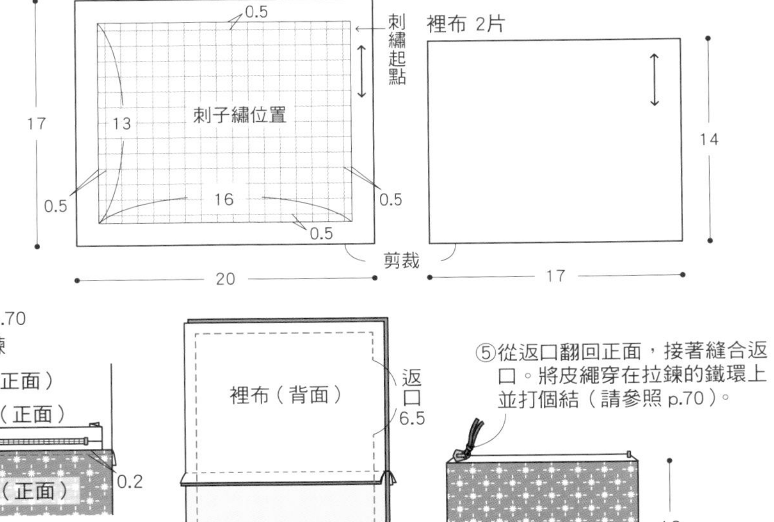

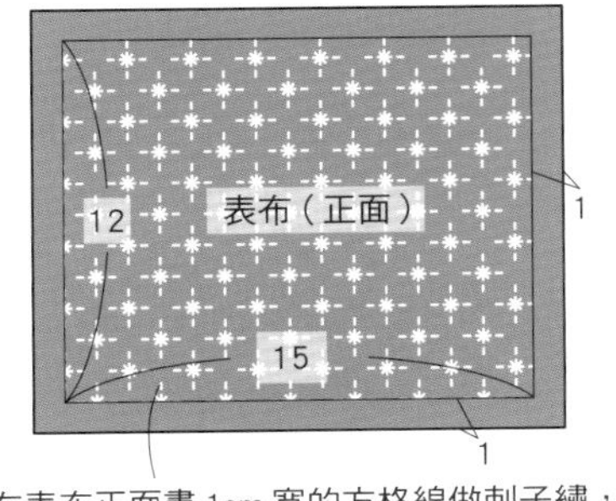

①在表布正面畫1cm寬的方格線做刺子繡，之後重新畫上刺繡完成記號線，預留縫份後剪裁。背面黏貼薄襯棉。

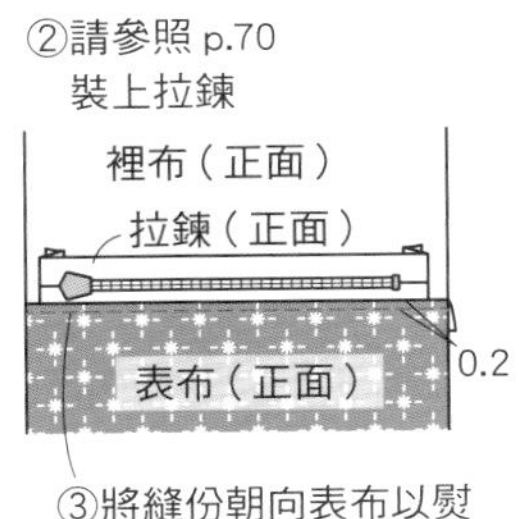

③將縫份朝向表布以熨斗整燙，接著縫合。
※另一側也同樣縫合拉鍊

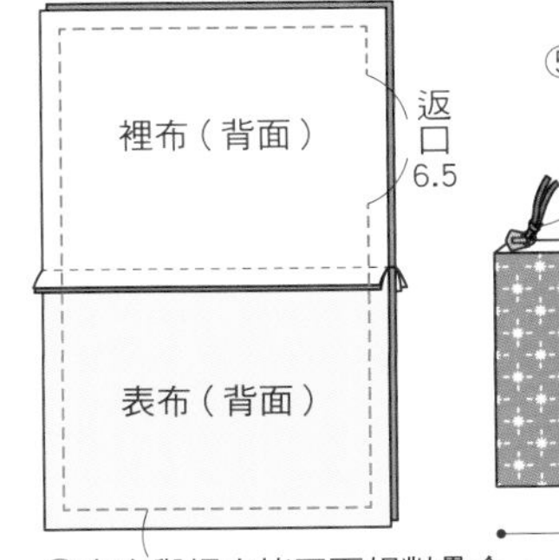

④表布與裡布皆正面相對疊合，除了返口位置其餘部份皆縫合。

⑤從返口翻回正面，接著縫合返口。將皮繩穿在拉鍊的鐵環上並打個結(請參照p.70)。

12
15

p.18 17 米字刺繡的手帕

紋樣請見p.64

材料

表布(未漂白棉布)30x55cm、裡布(紅色雙層紗布)30x30cm、小鳥屋商店 刺子繡線　紅色2(24)

p.41 48 小花紋樣的手帕

紋樣請見p.65

材料

表布(未漂白棉布)30x55cm、裡布(粉紅色雙層紗布)30x30cm、HOBBYRA HOBBYRE刺子繡線　深粉色(111)、黃綠色(114)

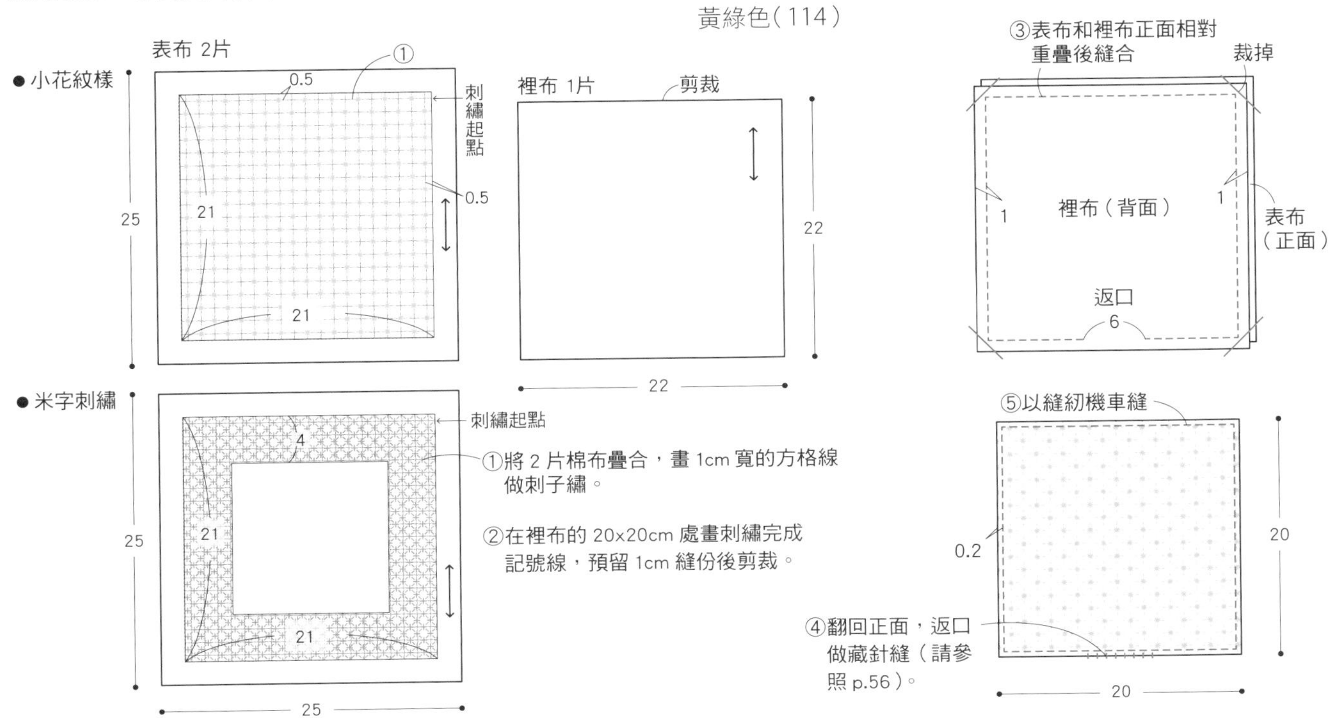

p.41 48 小花紋樣的兒童口罩

紋樣請見 p.65

材料

表布(白色亞麻布)35x20cm、裡布(未漂白棉布)30x20cm、HOBBYRA HOBBYRE 刺子繡線　深粉色(111)、黃綠色(114)、口罩用彈性繩50cm

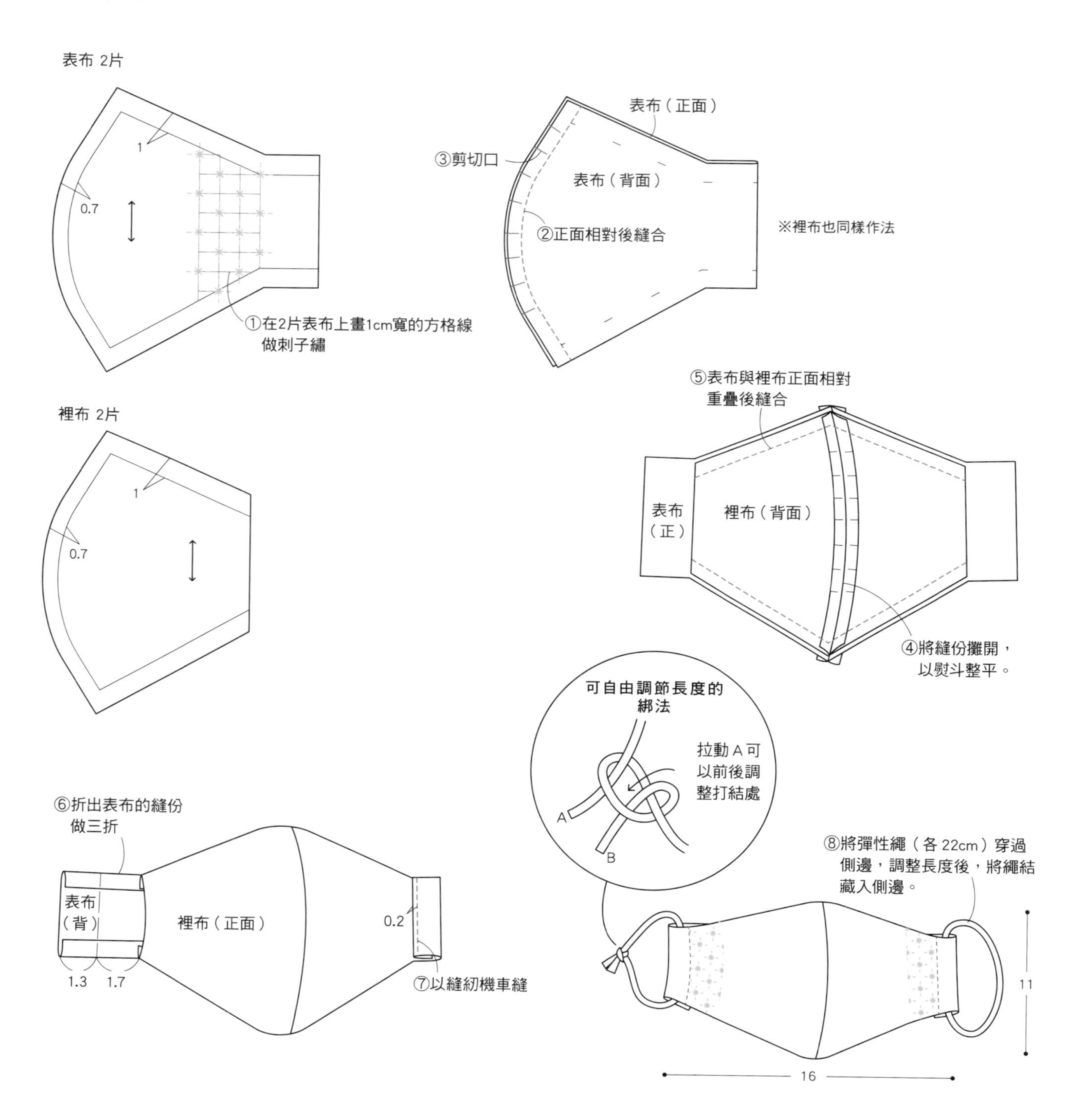

48 小花紋樣兒童口罩的實物大紙型

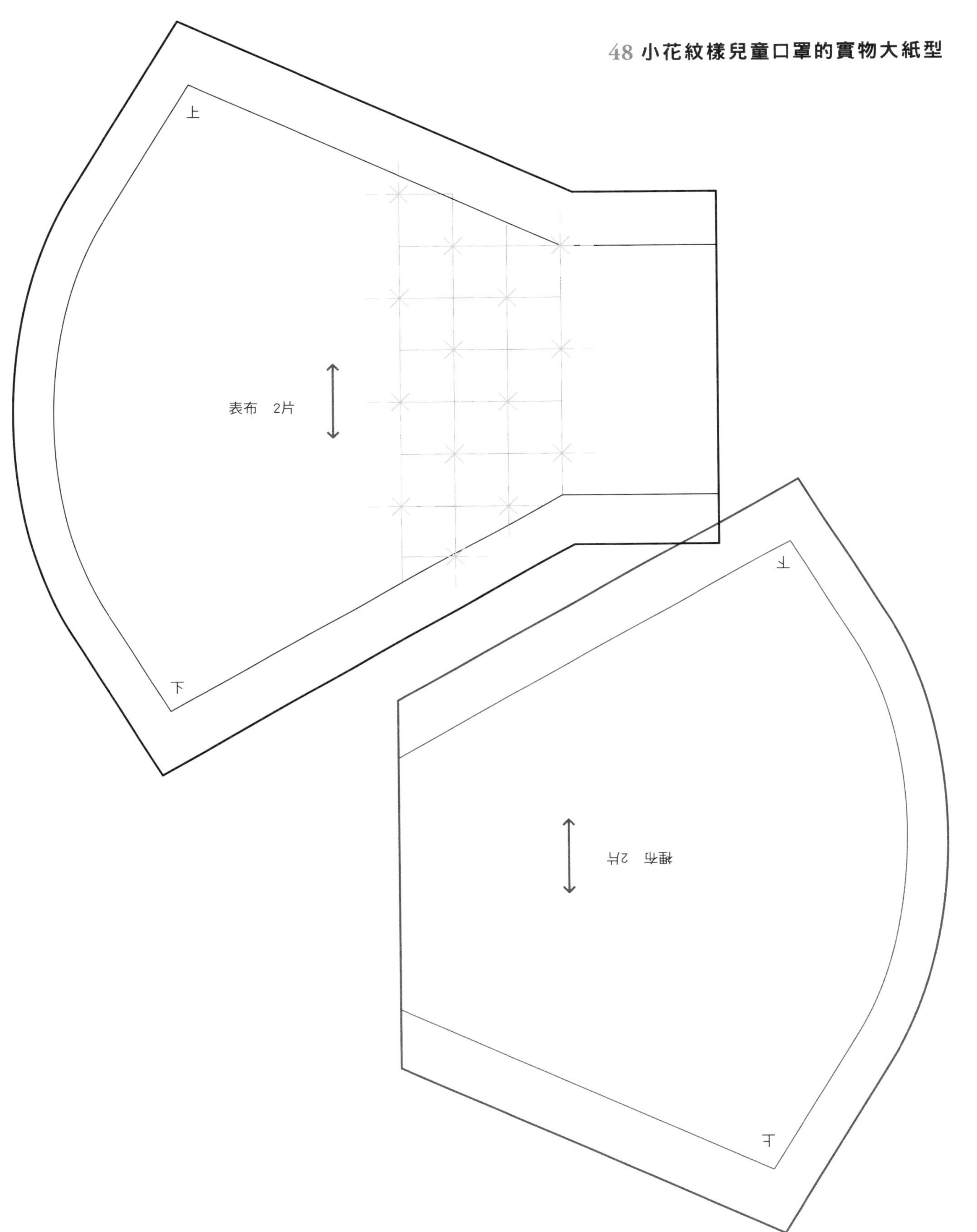

國家圖書館出版品預行編目（CIP）資料

一個繡法就搞定：微・刺繡 /sashikonami 作；方冠婷翻譯. -- 初版. -- 新北市：大風文創股份有限公司, 2021.11
面； 公分
譯自：カラフルで愛らしい刺し子のふきんと小物
ISBN 978-986-06227-7-5(平裝)

1. 刺繡 2. 手工藝

426. 2 110008906

一個繡法就搞定：微・刺繡

作　　者／sashikonami
執　　編／王義馨
翻　　譯／方冠婷
編輯排版／陳琬綾
發 行 人／張英利
出 版 者／大風文創股份有限公司
電　　話／02-2218-0701
傳　　真／02-2218-0704
網　　址／http://windwind.com.tw
E-Mail／rphsale@gmail.com
Facebook／大風文創粉絲團
http://www.facebook.com/windwindinternational
地　　址／231 台灣新北市新店區中正路 499 號 4 樓

初版一刷／2021 年 12 月
ISBN／978-986-06227-7-5
定價／350 元

台灣地區總經銷／聯合發行股份有限公司
電話／（02）2917-8022　傳真／（02）2915-6276
地址／231 新北市新店區寶橋路 235 巷 6 弄 6 號 2 樓

香港地區總經銷／豐達出版發行有限公司
電話／（852）2172-6533　傳真／（852）2172-4355
地址／香港柴灣永泰道 70 號 柴灣工業城 2 期 1805 室

作者 Profile

sashikonami

現居住於東京。以「自由並愉快」為座右銘，享受著有刺子繡的每一天。除了在個人網頁及IG上發表自己的作品及製作過程影像，影片網站上也會分享刺繡時的重點及訣竅等影片。
https://sashikonami.shopinfo.jp

日方 Staff

書本設計　橘川幹子
攝影　蜂巢文香
製圖・編輯協力　八文字則子
企畫・編輯・構成　梶 謡子
編輯擔當　寺島暢子

販售線材及工具的日本商店及廠商

有限会社小鳥屋商店
TEL：0577-34-0738
http://odoriya.main.jp/

オリムパス製絲株式会社
TEL：052-931-6679
https://www.olympus-thread.com/

金亀糸業株式会社
TEL：03-5687-8511
http://www.kinkame.co.jp/

クロバー株式会社
TEL：06-6978-2277(お客様係)
https://clover.co.jp/

チューリップ株式会社
0120-21-1420
https://www.tulip-japan.co.jp/

株式会社ホビーラホビーレ
TEL：0570-037-030
https://www.hobbyra-hobbyre.com

株式会社ベステック（ソーライン）
TEL 03-5212-8851
http://westek.co.jp

本舗 飛騨さしこ
TEL：0577-34-5345
http://www.hidanet.ne.jp/~sashiko/

横田株式会社（DARUMA）
TEL：06-6251-2183
http://www.daruma-ito.co.jp/